AF325895

BIBLIOTHÈQUE DES ACTUALITÉS INDUSTRIELLES — N° 152

Georges FRANCHE
INGÉNIEUR-MÉCANICIEN
A. & M. — E. C. P.

Manuel de
L'Ouvrier
Mécanicien

NEUVIÈME PARTIE

Technique du Tourneur et du Fileteur

PARIS

Librairie Bernard TIGNOL

PUBLICATIONS DE LA
LIBRAIRIE de l'ÉCOLE CENTRALE des ARTS et MANUFACTURES
53 bis, Quai des Grands-Augustins, 53 bis

MANUEL

DE

L'OUVRIER MÉCANICIEN

IX

MANUEL

DE

L'OUVRIER MÉCANICIEN

NEUVIÈME PARTIE

TECHNIQUE DU TOUR ET DU FILETAGE

PAR

GEORGES FRANCHE

(A. et M.) *Ingénieur* (E. C. P.)

286 FIGURES

PARIS

LIBRAIRIE BERNARD TIGNOL

PUBLICATIONS DE LA

Librairie de l'École Centrale des Arts et Manufactures

53 *bis*, QUAI DES GRANDS-AUGUSTINS

TECHNIQUE DU TOUR

INTRODUCTION

Obtenir des *surfaces de révolution*, tel est le but général que l'on poursuit dans le tournage.

La machine et l'outillage, au moyen desquels on façonne les pièces répondant à cette définition, ont donc été de tous temps d'une utilité considérable; mais c'est particulièrement depuis les développements rapides et immenses des moteurs et des arts mécaniques que cet outil est devenu indispensable, dans la construction comme dans la plupart des industries comportant un atelier de réparations.

On a pu dire du Tour qu'il est le Père de la Mécanique; il a en effet permis, dans son essor, de produire non seulement avec plus de précision, mais aussi plus régulièrement, plus rapidement et, en somme, plus économiquement, les mécanismes assez compliqués et pesants qu'enfantait le progrès.

Parallèlement, le Tour a profité des perfectionnements successivement apportés aux machines grâce à lui, car il a dû en outre se plier aux besoins infiniment variés de l'Industrie, aux exigences des ingénieurs officiels et à la nécessité d'une fabrication intensive pour qu'elle revienne à meilleur compte.

Toutefois, dans un autre ordre d'idées, il n'est pas toujours obligatoire d'envisager une grosse production sur cet outil, ni la pièce en série ; il peut n'être par exemple qu'un auxiliaire dans nombre d'ateliers moyens ; son utilité n'en est pas moins incontestable, en égard aux services de tous genres qu'on en doit attendre sans avoir à s'adresser à différents corps de métiers : réparations urgentes ou minimes, redressages ou rectifications, confection d'ébauches de modèles, etc., etc.

En vue de donner des notions moins brèves que précédemment (I), nous passons ci-après en revue quelques types de ce genre de machines-outils ; nous ne prétendons nullement former, de pied en cap et sur simple lecture, des tourneurs immédiatement capables : l'apprentissage complet, mais bien complet, est long et il ne faut nous prendre, en toute cette encyclopédie qu'à titre de vulgarisateur, car l'exercice et l'habitude sont les plus grands maîtres dans les ateliers ou les chantiers, quels qu'ils soient.

(1) *Manuel de l'Ouvrier-Mécanicien :* Outils et Machines-Outils.

CHAPITRE PREMIER

TOUR D'HORLOGER

C'est la combinaison la plus simple ; il sert à travailler les pièces délicates ; comme néanmoins cet appareil est composé en principe des mêmes éléments que les tours plus compliqués, plus spéciaux ou plus puissants, sa description fera connaître, d'une façon rapide et dès l'entrée en matière, les parties classiques que l'on retrouve dans toutes les machines-outils de cette catégorie.

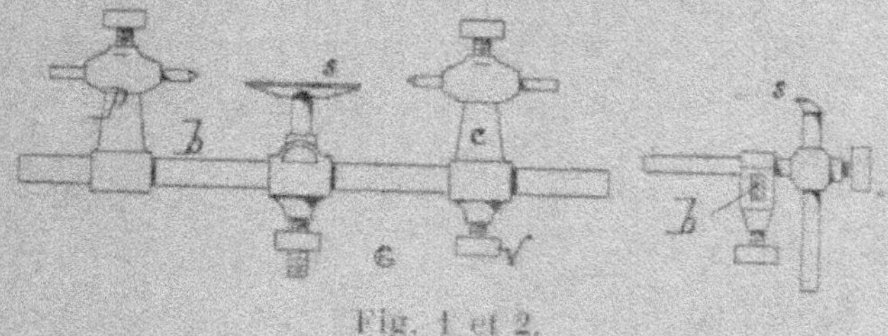

Fig. 1 et 2.

Le tour d'horloger comprend (fig. 1 et 2) :

1° Le **banc** *b*, qui forme assise pour les autres organes ; c'est une règle très bien calibrée dont la longueur est, ordinairement, d'environ 50 centimètres ; on le serre entre les mâchoires d'un étau ;

2° La **poupée fixe** *p*, ajustée à demeure à l'une des extrémités du banc ;

3° La **poupée mobile** ou **contre-pointe** *c*, qui coulisse le long du banc et qui est susceptible d'être assujettie à la distance désirée de la poupée fixe au moyen d'une vis de pression *r*, serrant contre le banc ;

4° Le **support** *s* de l'outil ou **chariot**, dont on fait à volonté varier la position dans les *trois directions* : longueur, largeur et hauteur, ainsi qu'il est dit plus loin.

La partie supérieure des deux *poupées* est en forme d'olive ; elle est percée de part en part, dans le sens de la longueur, d'un trou cylindrique très précis où l'on introduit la **broche** ; celle-ci est maintenue en place par une vis de pression ; l'une des extrémités est terminée en pointe tandis que l'autre bout est muni de petites cavités coniques.

Il est de condition absolue, au point de vue de la précision du travail, que les pointes et les broches des poupées soient situées sur un même axe, exactement parallèle au banc.

Le *support* de l'outil ou *chariot* se compose de trois pièces : le *coulant*, qui coulisse le long du banc et peut être bloqué par une vis à tête de violon ; dans l'œil du coulant et horizontalement d'équerre au banc, passe la seconde pièce ou *queue*, qu'une vis maintient également en place, à la distance que demande le diamètre à obtenir ; l'extrémité de la queue est ovoïde ; elle est percée, verticalement et perpendiculairement au banc, d'un trou où s'engage la *cale* du support ; une vis de pression complète cet ensemble.

Une pièce étant maintenue *entre pointes*, on lui donne un mouvement alternatif à l'aide d'un **archet** manœuvré de la main gauche, pendant que l'**outil**, appuyé sur le chariot, est tenu dans la main droite ; la corde de l'archet s'enroule deux fois sur une petite poulie disposée sur la pièce, de manière à l'entraîner et qu'on appelle *cuivrot* (fig. 3 et 4);

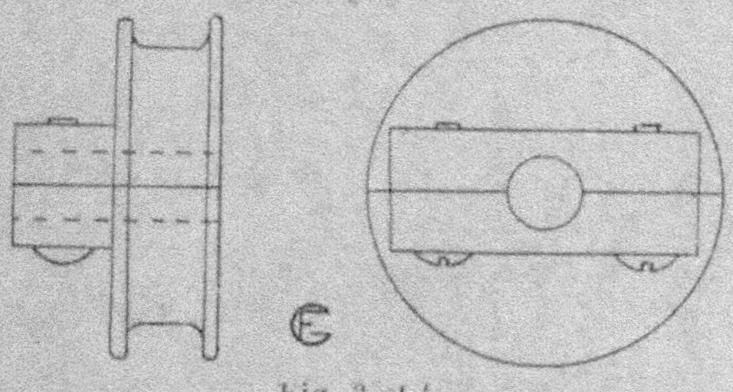

Fig. 3 et 4.

il y en a de tous diamètres et de toutes formes; par suite l'archet doit être agencé pour correspondre rapidement à diverses longueurs d'enroulement.

Quand la pièce est creuse, elle peut être montée sur un **mandrin**, qui entre dans le trou central et qui porte alors lui-même le cuivrot; les pointes du mandrin pénètrent en ce cas dans les cavités coniques, signalées comme étant à l'opposé des pointes des broches.

Lorsqu'au contraire on veut percer un trou petit mais très exactement au centre d'une pièce cylindrique légère, on fait usage d'une contre-pointe spéciale; c'est-à-dire qu'on remplace la contre-pointe par une sorte de mandrin-guide assujetti par la vis de pression; ce mandrin forme en même temps **lunette** (fig. 5); il est muni, vers l'extérieur, d'un trou

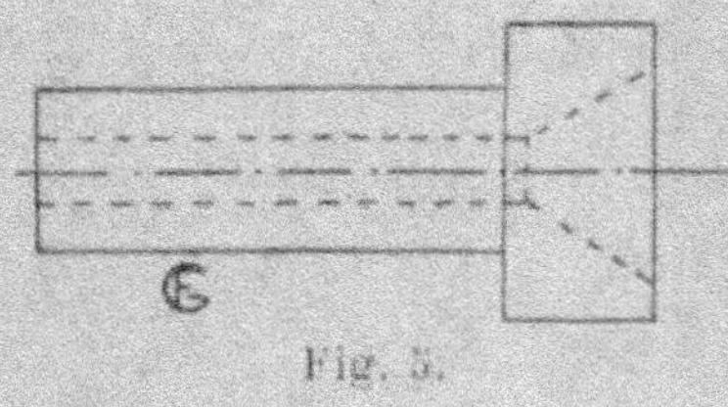

Fig. 5.

ayant un cône peu prononcé qui se continue par un trou cylindrique du diamètre précis de la **mèche**; celle-ci se centre donc automatiquement et ne saurait ensuite dévier de la position normale que lui assigne le mandrin.

CHAPITRE II

TOUR SIMPLE OU BIDET

Les organes principaux de ce tour sont : le banc, les poupées, le support.

Jadis le **banc** était en bois dur bien équarri, avec plaques

Fig. 6.

en fer parfaitement droites vissées à la partie supérieure pour faciliter et guider le déplacement longitudinal des parties amovibles ; mais ce mode est aujourd'hui abandonné, tout au moins dans la construction, et on ne fabrique plus que des machines entièrement métalliques ; néanmoins nous signalons par la suite un tour dont l'ensemble est porté sur de petits pieds et se fixe ainsi en entier sur un établi ou sur des pièces de bois.

Le banc est *droit* ; il est constitué par deux flasques *b* (fig. 6) dénommées *longerons* ou *jumelles*, qui doivent être parfaitement étrésillonnées et dressées ; dans la généralité des cas, les entretoises sont venues de fonte avec l'ensemble

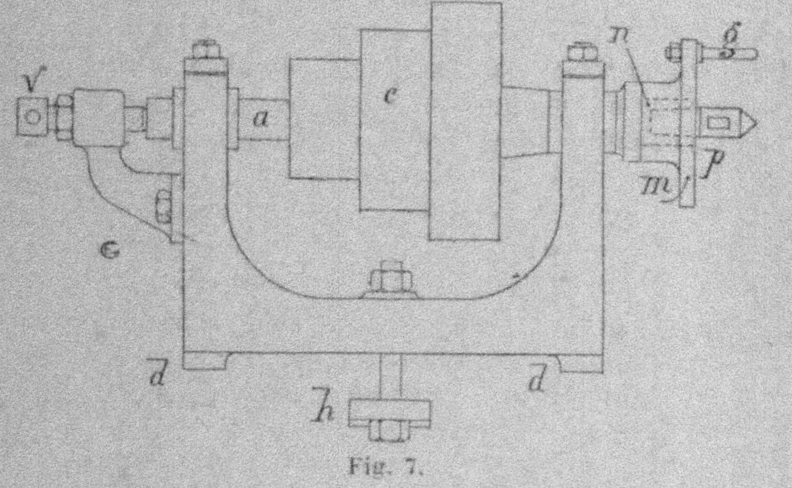

Fig. 7.

des jumelles ; autrefois elles étaient rapportées et maintenues par des boulons.

Ces longerons présentent donc ainsi une rainure longitudinale dans laquelle coulissent le chariot porte-outil *s* et la poupée mobile *c* ; ces deux organes sont, de cette façon, très bien guidés ; cependant on augmente quelquefois la précision du guidage en faisant venir de fonte, en haut des jumelles, des saillies en forme d'A.

Dans les petits tours, les pieds sont fondus avec le banc ; mais plus généralement ils sont rapportés par boulons, vis ou goujons sous les jumelles ; les portées doivent être bien ajustées ; on fixe ces pieds sur le parquet ou dans la maçonnerie au moyen de tirefonds ou de boulons de scellement ; leur assise demande à être d'une solidité et d'une surface convenables.

La **poupée** *p* consiste en un support double, c'est-à-dire à deux coussinets ou paliers où se loge *l'arbre* ou *broche a* ; la broche reçoit en *p* la *pointe* du tour (fig. 7) et les poulies ou le cône étagé d'entrainement *c*.

Le dessous du bâti est muni de saillies *d* s'adaptant parfaitement dans l'entre-deux des jumelles ; il doit être bien dressé pour s'appliquer nettement sur le plan général du banc ; on l'assujettit sur ce dernier de façon rigide à l'aide de boulons et traverses, brides ou autres dispositifs *h*.

A l'opposé de la pointe de la broche, une saillie est venue de fonte ou rapportée, et un trou pratiqué dans cette saillie reçoit une *vis de butée v* maintenue par un contre-écrou ; ce *grain de butée* est destiné à éviter le frottement entre l'embase de l'arbre et son coussinet de droite, ainsi qu'à rattraper le jeu selon nécessité.

Les coussinets des tours simples ont ordinairement des portées cylindriques ; il est cependant préférable que celui du *nez* de l'arbre soit de forme conique ou approchante, pour que l'appui se fasse mieux et que le centrage soit plus précis lorsque, à la suite d'usure, il s'est produit un jeu que l'on combat au moyen du grain de butée.

Dans les tours modernes bien compris, l'arbre est en acier cémenté, trempé et rectifié ; le nez se termine par une partie filetée limitée à une embase en porte-à-faux par rapport au palier ou coussinet ; comme la rotation a lieu vers le porte-outil, il est évident que le sens de filetage du nez est à droite.

Vers le milieu de la longueur de l'arbre, on dispose les poulies ou le cône étagé, selon les cas ; pour les petits tours, on fait usage de poulies à gorge triangulaire mues ou non au pied ; il va sans dire que, par contre, pour des tours puissants ces poulies seront larges et comporteront le plus d'étages possible afin de permettre de fortes *passes* à des vitesses variées.

On prend souvent la précaution de ménager un intervalle suffisant ou des dispositifs *ad hoc*, pour que la courroie débrayée ne soit pas coincée entre les paliers et le cône.

La *pointe p* elle-même est rapportée soit par filetage, soit en tronc de cône ; on doit prévoir la possibilité de la retirer sans difficulté de son logement, en cas de réparation ou de remplacement ; en raison de ce qu'il est de règle absolue qu'elle corresponde exactement à l'axe de la broche, on ne la tourne que lorsqu'elle est emmanchée ; quand elle est trempée, c'est-à-dire à peu près toujours, la rectification a également lieu, bien entendu, sur l'arbre mis en place.

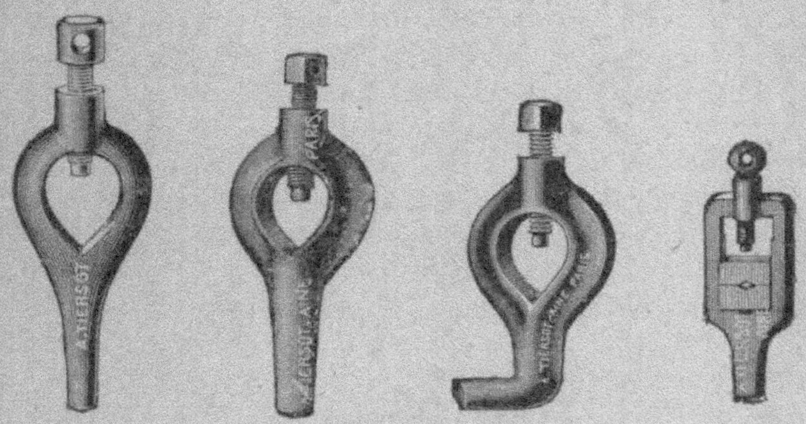
Fig. 8, 9, 10 et 11.

L'entraînement de la pièce posée entre pointes est produit par un **plateau** *m* vissé sur le filetage du nez *n* ; ce plateau est pourvu d'un boulon *g* susceptible de se placer à diverses distances du centre ; par ailleurs, un **toc** (fig. 8,

9, 10, 11, 12,) a été préalablement entré sur la pièce et fortement serré.

La *queue* de ce toc, étant rencontrée par le boulon du plateau, oblige donc la pièce à tourner à la même vitesse que la broche.

La **contre-pointe** c est en fonte (fig. 6), avec ou sans évidement entre les extrémités verticales ; en ce dernier

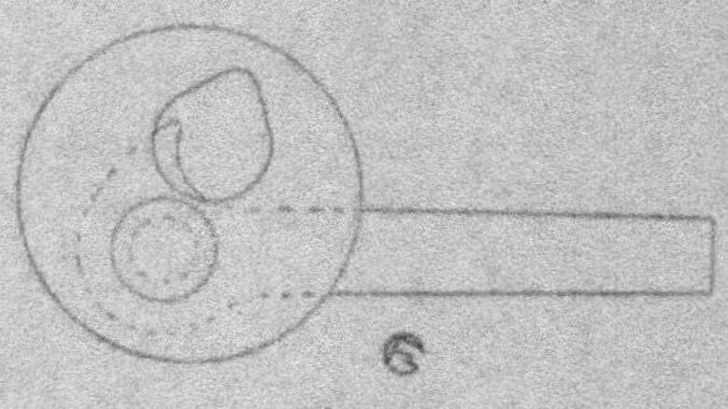

Fig. 12.

cas, le corps est déporté vers l'arrière pour que l'écrou du boulon de fixation puisse être manœuvré aisément ; plus encore que la poupée, elle doit présenter une assise parfaite et un guidage rigoureux entre les longerons.

Elle repose parfois sur une semelle indépendante, pour laquelle les mêmes qualités sont requises ; cette semelle permet de déplacer la contre-pointe dans un plan horizontal à l'aide de vis de butée ; conséquemment, avec ce dispositif où la pointe de la poupée mobile peut être excentrée, on est à même d'obtenir des pièces coniques. La base du cône est située vers la poupée fixe lorsque la pointe de la contre-pointe vient en avant ; la base est au contraire vers cette dernière quand l'axe est reporté en arrière.

Quoi qu'il en soit de cette manœuvre, il est de rigueur que les pointes restent à la même hauteur.

Le sommet des parties verticales extrêmes de la contre-pointe a la forme de renflements cylindriques réunis de fonte (dans les bonnes marques) par un manchon cylindrique : *fourreau* ou *canon* f, parfaitement alésé ; dans le manchon (fig. 13), coulisse l'arbre creux *k* de la contre-pointe, lequel est fileté et ne peut avoir qu'un mouvement longitudinal.

Le mouvement d'avance ou de recul est donné par une longue vis *e* entrant dans l'arbre et qui ne fait que tourner sur elle-même, maintenue en place qu'elle est par une embase et un volant *i* à main faisant fonction de seconde

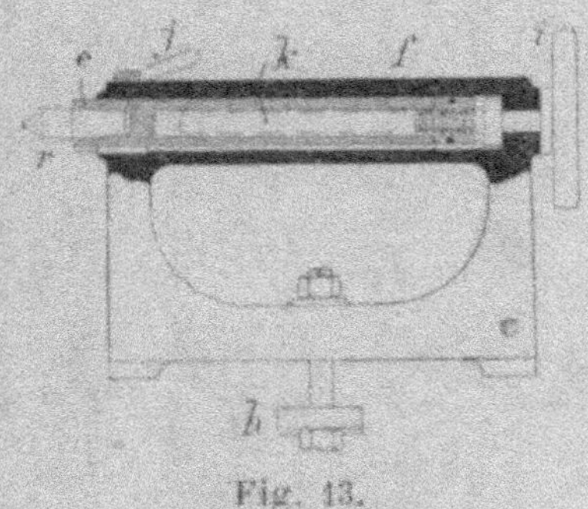

Fig. 13.

embase ; afin d'être assujetti en position invariable, une fois la pièce montée en pointes, l'arbre de contre-pointe est coincé par divers moyens, tel qu'un coussinet entourant l'arbre sur une demi-circonférence et serré par une manette à vis *j*, clavette à plan incliné, manette rapprochant deux parties saillantes du fourreau, etc.; il faut que ce serrage ne nuise pas au centrage exact de la pièce.

De même que dans la poupée fixe, le bout de l'arbre reçoit une pointe *r* engagée dans cet arbre.

Ordinairement, l'ensemble de la contre-pointe n'est retenu en place que par un boulon *h* allant retrouver une traverse entre les jumelles ; dans certains tours, la poupée mobile peut pivoter autour de ce boulon afin de désaxer la pointe et de faire des surfaces coniques ; dans d'autres cas, pour de grandes dimensions, on meut la contre-pointe par des moyens mécaniques, par exemple en disposant une série

de vis sans fin et de roues engrenant finalement avec une
ou deux crémaillères placées entre les longerons, etc.

Le **support** consiste communément (fig. 6) en un socle à
fourche *s* ou à rainure longitudinale, où l'on passe le boulon de fixation aux jumelles, par une cale de serrage ; à
l'avant, le socle ou *table* supporte le *porte-outil* soit droit,
soit à éventail qui, pouvant pivoter autour d'un axe verti-

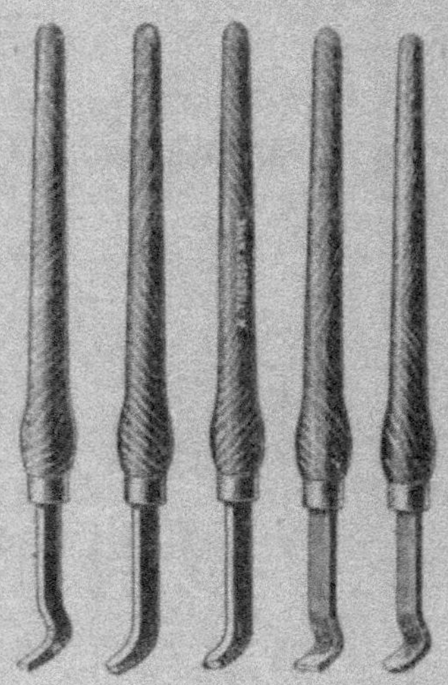

Fig. 14 à 18.

cal, prend telle position convenable. L'appui est arrêté par
une manette ou un écrou.

Enfin le porte-outil proprement dit ou *appui* peut monter
ou descendre le long de cette pièce intermédiaire, de sorte
qu'en définitive le chariot se fixe facilement à telle inclinaison ou à telle hauteur exigées par le travail.

L'assiette même de l'outil à main est en bois de bout
afin d'offrir une surface rugueuse aux *grains d'orge,
crochets* ou *planes* dont se sert le tourneur ; ces outils
à main (fig. 14 à 18) sont confectionnés en acier plat,

munis d'encoches et enfoncés dans un manche en bois.

Travail à la main. — Pour le travail des métaux, on les tient plutôt le manche en l'air, bien que pour le cuivre, dans le cas du décolletage et du filetage, on les appuie horizontalement sur le support.

On travaille avec le *crochet* pour le dégrossissage des parties cylindriques ; le *grain d'orge* s'emploie pour usiner les surfaces d'équerre à l'axe et il mord par côté ; la *plane* et certains outils de forme servent à la finition ainsi qu'à la confection des moulures et des congés.

La pièce, préalablement centrée en prenant les précautions indiquées plus loin dans un paragraphe spécial, est présentée entre les pointes après que la poupée mobile a été assujettie en place, de manière à terminer la suspension par quelques tours de son volant ; on lubrifie les pointes et on donne alors, par le volant, un serrage suffisant mais sans exagération pour que la pièce ne puisse ni dévier ni chauffer contre les pointes.

On règle ensuite le support vis-à-vis de l'objet, selon le travail à exécuter, soit par rapport à l'axe, soit en hauteur, en se rappelant que le taillant de l'outil doit se trouver juste au niveau des pointes pour bien couper et ne pas *s'engager* ; il ne reste plus qu'à serrer à fond les divers organes et à se servir de l'outil, que l'on a soin de refroidir de temps à autre dans un ustensile disposé à cet effet, pour qu'il conserve bien sa trempe.

Pour polir à la plane, on appuie celle-ci sur une surface glissante, telle qu'une lame de scie, que l'on interpose entre l'outil et le dessus du support ; on arrose à l'eau de savon.

En plus de leurs quatre organes classiques, les tours doivent être munis de *tocs* et de *doigts pousse-toc* de diverses formes ou grandeurs (fig. 8 à 12) ; certains autres accessoires seront décrits par la suite : plateaux, mandrins, poupées, etc., mais on ne saurait terminer ce paragraphe sans parler de la *lunette fixe e* (fig. 6).

Celle-ci est indispensable pour des barres de grande longueur ou d'assez faible diamètre car, sans soutien entre les pointes, elles seraient susceptibles de fléchir et par suite de

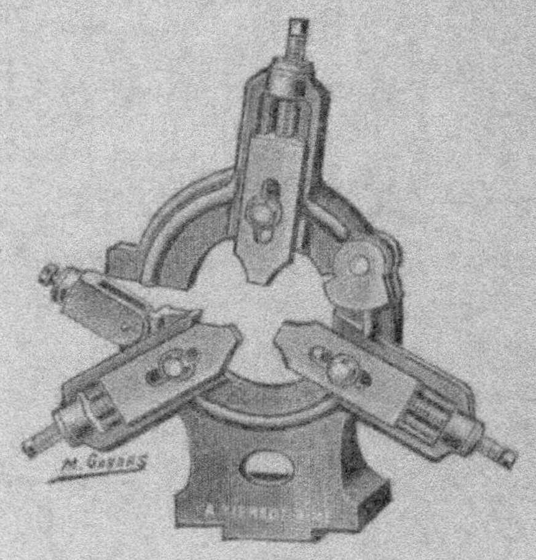

Fig. 19.

vibrer ; elle peut en outre servir à centrer la pièce avant de la prendre en pointes.

La lunette ordinaire simple comprend un socle en équerre traversé par le boulon de fixation aux jumelles ; la côte verticale soutient, à l'aide d'un ou deux boulons, une seconde pièce mobile en forme d'*Y*, entre les branches de laquelle on introduit une *garniture* en bois dur, hêtre ou noyer ; les branches sont, dans le haut, réunies par un chapeau maintenu lui-même par des vis.

La garniture en bois se compose de deux coussinets dont les champs verticaux correspondent à la *cage* de la lunette ; le centre en est alésé au diamètre exact de l'arbre, préalablement tourné au droit de l'appui, et la partie supérieure a un trou de graissage ; en dessous de la garniture, on introduit de légères cales pour que l'arbre à travailler porte parfaitement dans ce support auxiliaire et que l'axe soit absolument droit ; enfin on ferme la cage par le chapeau, puis on vérifie si la pièce *tourne* bien *rond*.

Dans le cas de pièces en série ou exigeant plus de précision, les coussinets sont en bronze, ou même en antifriction directement coulé en place.

Les lunettes type américain (fig. 19) sont d'un emploi plus pratique ; la partie supérieure s'ouvre à renversement et l'on peut ainsi facilement procéder à la mise en place, à l'enlèvement, au graissage des taquets, etc., sans modification de la position de la lunette, une fois réglée et centrée au moyen des trois touches.

CHAPITRE III

CENTRAGE

Pour tourner une pièce, de forme et de volume d'ailleurs quelconques, il est indispensable de bien déterminer avant tout travail la position des axes (traçage), puis d'en marquer nettement les centres et, parfois, les contours.

Quand il ne faut qu'usiner un arbre droit, une pièce enlevée dans la masse ou autres travaux simples, le traçage préalable n'est pas nécessaire.

Mais, dans la plupart des opérations de la mécanique, ce traçage doit précéder la mise en œuvre, parce qu'entre autres avantages il permet de constater si la pièce brute est dans de bonnes proportions, s'il n'y a pas intérêt à travailler la matière dans un sens plutôt que dans un autre, s'il n'y a pas défaut de métal ou déplacement de noyaux en certains endroits ; en un mot de peser la besogne.

Le traçage se complète, ainsi qu'il a été dit dans un précédent ouvrage, par le tracé au moyen de coups de pointeau plus ou moins accentués ; les centres des parties alésées seront repérés à l'aide de *cimblots*, entretoises de fer mince entrées à force dans le vide des cylindres ou des pièces creuses, etc., etc.

Quand il s'agit de trouver le centre d'un arbre, brut ou travaillé, on peut à la rigueur opérer simplement avec le compas; mais alors les tâtonnements sont assez longs et la précision douteuse; les solutions offertes par la géométrie sont même parfois impraticables, eu égard à la petitesse des diamètres.

A titre d'indication, nous signalerons seulement la méthode ci-après (fig. 20) : tracer approximativement un

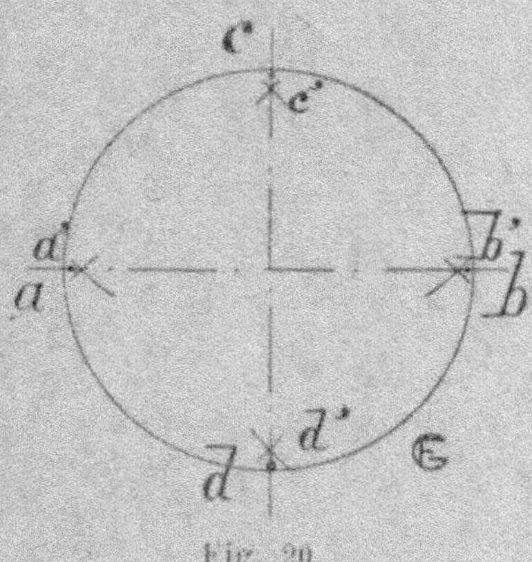

Fig. 20.

diamètre $a\,b$ à l'aide du pied à coulisse, que l'on a bloqué à l'écartement de la grosseur de l'arbre, et dont on tient les branches sur deux génératrices opposées; limiter $a\,b$ par deux légers coups de pointeau à égale distance des bords extrêmes a' et b'.

De a et b comme centres, décrire quatre petits arcs, avec une ouverture de compas aussi grande que possible, quoique ne leur permettant pas de sortir du cercle; il est évident que $c\,d$ passe par le centre.

Si nous répétons ce tracé pour $c\,d$, avec

$$cc' = dd' = aa' = bb'$$

nous vérifierons et nous redresserons au besoin la première

2

base *a b*, dont la rencontre avec *c d* nous donnera le centre cherché *o*.

Il va sans dire qu'au préalable on aura dressé grossièrement mais suffisamment les abouts de la pièce cylindrique supposée brute.

Une méthode infiniment plus pratique est de se servir de **l'équerre à centrer** (fig. 21) dont la construction

Fig. 21.

repose sur le principe d'un angle *circonscrit* à un cercle; la diagonale ou bissectrice de l'angle, quelle que soit la position de l'équerre, passe toujours par le centre du cercle.

Il suffit par conséquent de confectionner (fig. 22) une sorte d'équerre *a b c d* divisée, par une réglette, en deux parties *parfaitement égales* ; ordinairement l'angle de l'équerre est un angle droit, car la réglette est, en ce cas, plus facilement assujettie selon la bissectrice à 45 degrés (ou 1/2 angle droit); la longueur des côtés de l'angle : *ab, cd*, doit bien entendu être en rapport avec le diamètre du cercle dont le centre est inconnu; ces côtés sont façonnés dans une feuille de tôle de 2 ou 3 millimètres, sur laquelle on rive la diagonale avec soin.

Si l'on trace deux lignes *m n*, *r t*, leur rencontre sera le centre cherché et à peu près exact; au moyen d'une tige en acier (fig. 23) affûtée en pointe à quatre pans et trempée, que l'on fera tourner en ce centre, on pourra commencer le trou et le déjeter au besoin, si la pièce est

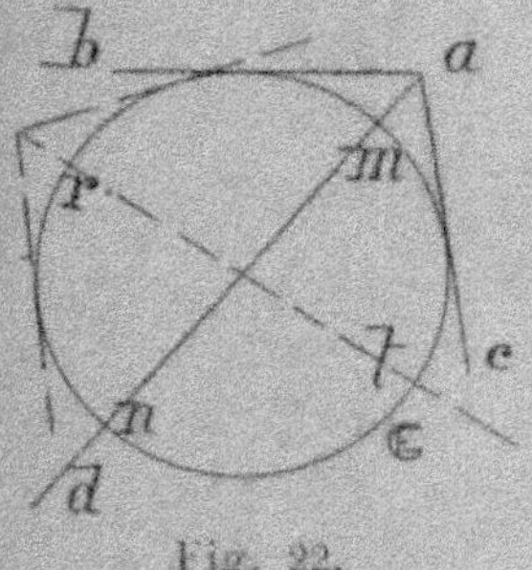

Fig. 22.

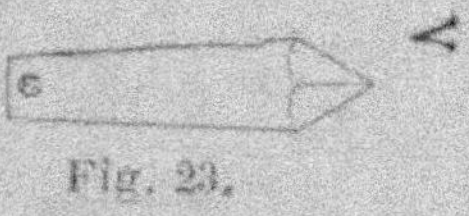

Fig. 23.

montée en l'air, en appuyant dans le sens convenant au redressement.

Ces méthodes approchées et lentes ne donnent jamais d'aussi bons résultats que les appareils à centrer; certains sont construits sur le principe d'un pointeau central, dont l'usage donne la vraie solution du problème, quelles que soient la grosseur et l'irrégularité d'une pièce; ils sont au surplus connus depuis longtemps; mais pour qu'un centrage soit irréprochable, il faut qu'il soit fait sur une machine ad hoc.

On peut, par exemple, vouloir pointer rigoureusement

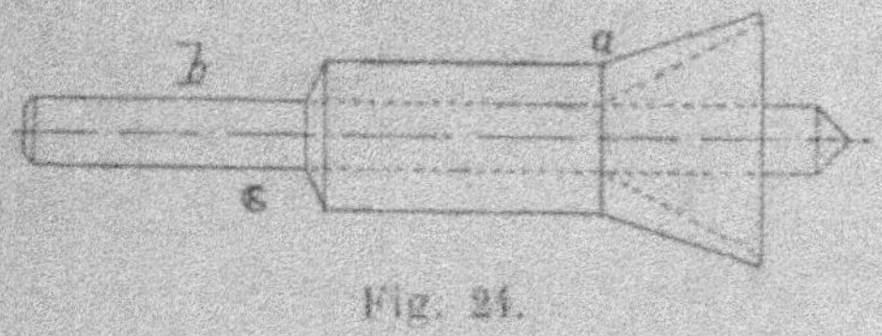

Fig. 24.

une tige, un fil de fer de 5 millimètres de diamètre, dans des travaux délicats; les tâtonnements seraient, avec les procédés ci-dessus, longs et inévitablement infructueux; tandis que si l'on applique sur l'extrémité du cylindre à centrer (fig. 24), une pièce *a* dont l'extrémité inférieure est façonnée en forme de cavité exactement conique et dont un pointeau traverse le centre à frottement doux, nous

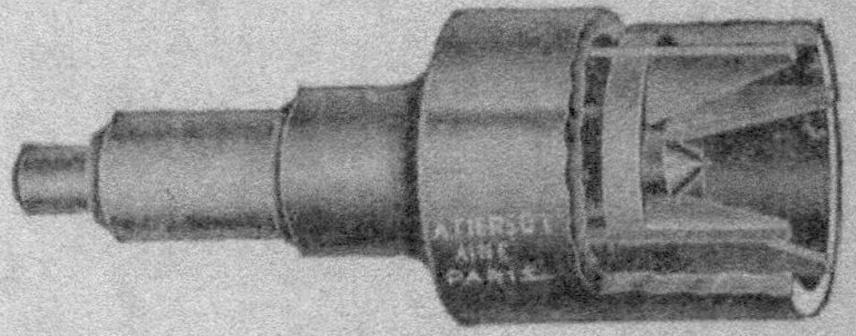

Fig. 25.

n'aurons qu'à donner un léger coup de marteau sur ledit pointeau pour centrer automatiquement le fil de fer.

D'autres fois, la *cloche à centrer* (fig. 25) se compose de quatre guides en forme de coin, comme pour le mandrin queue de cochon pour le bois; ces coins portent sur la cir-

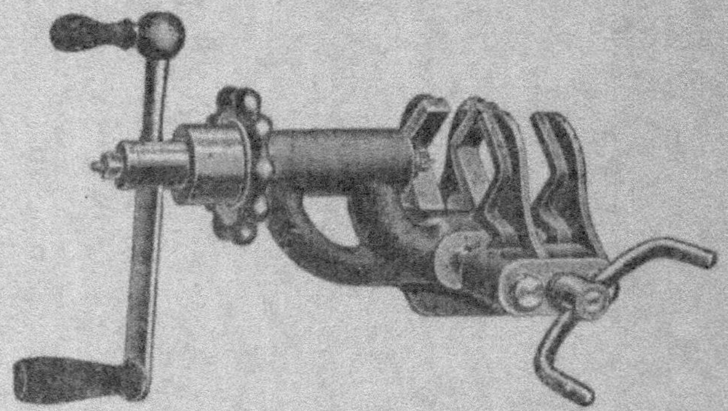

Fig. 26.

conférence de contour du cylindre, sans déviation possible, et le coup de pointeau se donne au centre précis.

Cette opération délicate du centrage des pièces est trop fréquemment négligée dans les ateliers, où la régularité du centrage devrait être cependant une des premières préoccupations du tourneur, surtout quand on a en vue la

pièce en série ou la pièce interchangeable ; rien ne doit
être négligé à cette occasion car, au surplus il y a économie à bien faire dès le début.

Comme suite au centrage, il faut préparer le trou *conique*

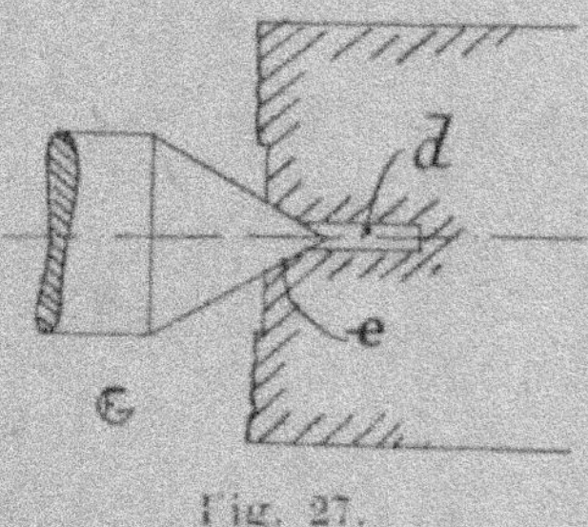

Fig. 27.

destiné à recevoir les pointes du tour ; ses dimensions doivent être suffisantes, sans exagération, pour que l'arbre à

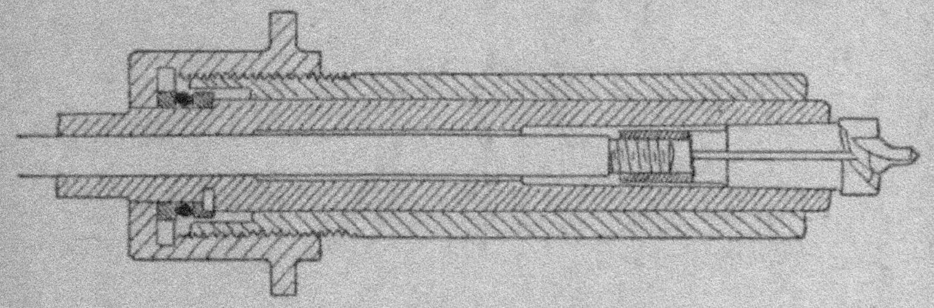
Fig. 28.

tourner soit bien engagé sur les pointes ; de plus, il est
nécessaire que ces pointes conservent leur profil sans trop

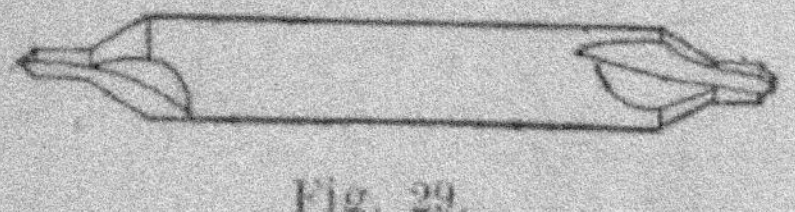
Fig. 29.

d'usure, particulièrement à l'extrémité, car elles servent
de témoin pour la rectitude du tour.

Les conditions les meilleures seront donc (fig. 27) de
loger l'extrême pointe dans un avant-trou *d* de petit dia-

mètre, où elle ne frotte pas, et de pratiquer à la suite une cavité conique *e* de même angle que la pointe.

Cela nécessite deux opérations que l'on réduit à une seule par l'emploi du foret à centrer (fig. 29), manœuvré à

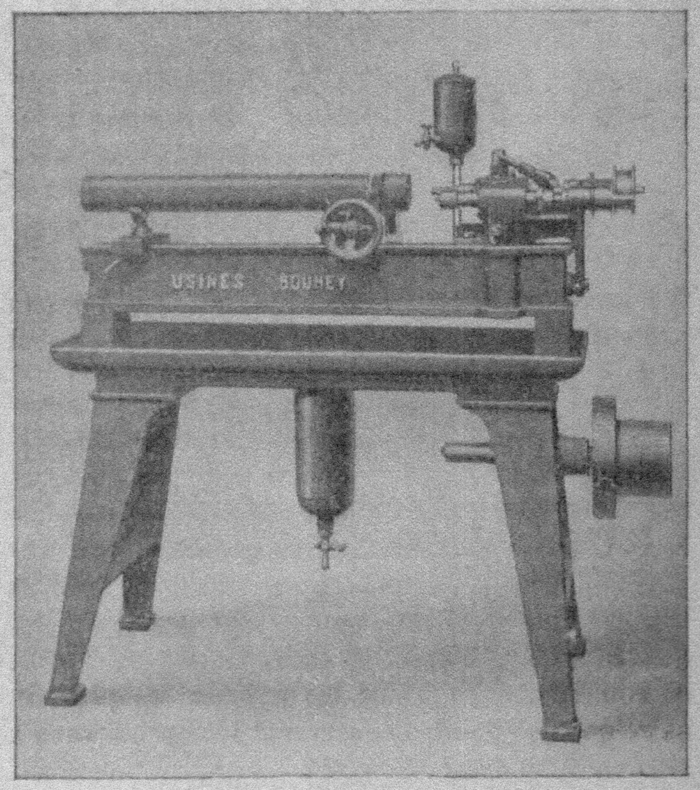

Fig. 30.

l'archet, ou au moyen de la machine (fig. 26 et 28) mue par manivelle ou, enfin, ce qui vaut mieux, par machine spéciale (fig. 30).

Le dernier appareil fait successivement et rapidement le dressage en bout, l'avant-trou et la fraisure sans qu'il soit besoin de déranger l'arbre une fois installé dans ses deux supports ni les outils; le support situé à droite, près des outils, consiste en deux < s'emboîtant l'un dans l'autre par leur côté ouvert et qui, par leur rapprochement, circonscrivent exactement la pièce; ils la centrent donc automatiquement par la manœuvre d'une vis à filets opposés, au moyen du petit volant vu en avant; la pièce est soutenue vers la gauche, par un support ouvert en simple **V** qui est mobile longitudinalement et en hauteur.

La partie mécanique comporte deux broches pouvant venir alternativement au centre; l'une d'elles fait la première opération, dressage en bout, au moyen d'une fraise; l'autre se termine par le foret à centrer; toutes deux font corps individuellement, à l'extrémité opposée, avec deux petites poulies recevant le mouvement par une courroie qui passe sur le grand renvoi inférieur; celui-ci correspond à la transmission générale de l'atelier.

Le bâti, sur lequel sont juxtaposées les broches, peut osciller autour d'un point fixe o, de la quantité exactement nécessaire pour que chacune alternativement se place dans l'axe par déplacement transversal; des butées réglables en complètent la précision.

Enfin, à l'aide d'un second levier à peu près horizontal, on pousse l'une ou l'autre des broches contre la pièce, assujettie sur le banc de l'appareil; le dispositif est d'ailleurs tel qu'on ne puisse les faire avancer en même temps : quand l'une avance, l'autre recule.

Accessoirement, un récipient pour la lubrification et un bac collecteur assurent le bon fonctionnement ou la propreté de l'ensemble.

CHAPITRE IV

VITESSE DE COUPE

On appelle vitesse de l'outil et aussi *vitesse de coupe* le développement ou longueur qui se présente, pendant l'unité de temps, devant le bec de l'outil ; en d'autres termes, c'est la vitesse tangentielle de la pièce à tourner, qu'il ne faut pas confondre avec la vitesse angulaire (1).

(1) La *vitesse angulaire* d'un corps tournant autour d'un axe est la longueur de l'arc décrit d'un mouvement uniforme, pendant l'*unité de temps*, par un point situé à l'*unité de distance* de l'axe et supposé lié invariablement à ce corps.

On la désigne généralement par ω ; si donc l'on connait la vitesse v d'un point du corps pris à une distance r de l'axe et si l'on se rappelle que les vitesses sont en raison des distances à l'axe, c'est-à-dire

$$\frac{v}{\omega} = \frac{r}{1},$$

la vitesse angulaire :

$$\omega = \frac{v}{r},$$

Inversement si n est le nombre de tours de l'axe *par minute*, cette vitesse angulaire a ω pour expression, en conformité de la définition même ci dessus :

$$\omega = \frac{2\pi \times 1^{m},00 \times n}{60} = \frac{2\pi n}{60},$$

Cette vitesse de coupe varie beaucoup, divers éléments entrant en ligne de compte, et l'on ne peut qu'indiquer des chiffres approximatifs; du reste un ouvrier qui a l'expérience de son tour sait, par l'usage et presque sans tâtonnements, comment disposer les transmissions de commande pour tirer le meilleur parti de sa machine ; il choisira sans calcul la vitesse convenable en considérant soit la forme des pièces et le métal dont elles sont composées, soit le profil et les qualités de l'outil, soit encore la profondeur de la passe, la force du tour, etc., etc.

Les quelques renseignements à signaler à ce sujet sont contenus dans le tableau suivant, applicable aux aciers ordinaires à outils, dits quelquefois aciers au carbone :

	en millimètres par seconde.	
	Pour dégrossir.	Pour finir.
Fer	90 à 120	180
Acier.	60	180
Fonte dure.	50	50
Fonte ordinaire	50 à 100	150
Bronze	200	250

A chaque tour, le pas de l'hélice d'avancement oscille entre 0 millimètre 2 et 1 millimètre 5.

Lors du dégrossissage, il est préférable de diminuer la vitesse et d'enlever la plus forte épaisseur possible de métal, que de tourner vite et de réduire la section du

ce qui permet d'obtenir la *vitesse de coupe* en fonction de la vitesse angulaire quand on connaît la dimension d'un arbre :

$$\omega = \frac{v}{r} = \frac{2\pi \times n}{60}$$

$$v = \frac{2\pi \times n}{60} \times r$$

Le tableau ci-après facilite les calculs.

copeau; outre la résistance de l'outil et des organes du tour, on est limité cependant par l'échauffement résultant du travail. Il ne faut pas, en effet, que l'outil se détrempe, car alors la dureté et la coupe disparaissent; c'est pourquoi on doit arroser suffisamment cet outil d'eau de savon ou d'huile et souvent à bain continu.

Il n'en est pas de même pour les outils en *acier rapide*, ainsi qu'on le verra plus en détail par la suite; quoique leur vitesse de coupe soit de 5 à 10 fois plus grande que celle des aciers ordinaires, il ne faut pas les arroser intempestivement : on risquerait la plupart du temps de les casser.

Le copeau s'y détache quelquefois au rouge naissant sans que le tranchant du bec perde aucune de ses propriétés de trempe et de résistance.

Tant au point de vue de l'entretien qu'à celui du rendement de ces aciers spéciaux, on voit quels avantages sont à escompter de leur usage; mais si la production s'en trouve par là augmentée, il va sans dire qu'ils nécessitent des dispositifs plus robustes et que les anciens tours ne conviennent pas toujours à leur application : les poupées doivent être plus trapues; il faut que la broche ne fléchisse pas, sinon on constaterait des broutements; on fait les coussinets à longue portée, les butées à billes, les harnais à grand rapport, les cônes à larges étages et d'un diamètre mieux embrassé par la courroie, etc., etc.

En somme ils sont d'une construction mieux comprise et soignée, et la plus forte dépense d'achat de ces machines est un sacrifice promptement compensé.

Vitesses circonférencielles en mètres par seconde pour D=1ᵐ00.

Dizaines de tours par minute.	0	1	2	3	4	5	6	7	8	9
0	0 000	0.052	0.105	0 157	0.209	0.262	0.314	0 366	0.419	0.471
1	0.524	0.576	0.628	0 631	0.733	0.785	0 838	0.890	0 942	0.995
2	1.047	1.099	1 152	1.204	1 257	1 309	1 361	1.414	1.466	1.518
3	1.571	1.623	1 675	1 728	1.780	1.833	1.885	1.937	1 990	2.042
4	2.094	2.147	2.199	2.251	2 304	2.356	2.408	2 461	2.513	2.566
5	2.618	2.670	2.723	2 775	2.827	2.880	2 932	2.984	3.037	3.089
6	3.142	3.194	3 246	3.299	3.351	3 403	3.456	3.508	3.560	3.613
7	3.665	3.717	3 770	3 322	3.875	3.927	3.979	4 032	4.084	4.136
8	4.189	4.241	4.293	4 346	4 398	4.451	4.503	4.555	4.608	4.660
9	4.712	4 765	4.817	4 869	4 922	4 974	5 026	5 079	5.131	5.183
10	5.236	5 288	5.340	5 393	5 445	5.498	5.550	5 602	5 655	5 707
11	5.759	5.812	5.864	5.916	5.969	6.021	6.073	6 126	6 178	6.231
12	6.283	6 335	6.388	6.440	6.492	6.545	6 597	6.649	6 702	6.754
13	6.807	6.859	6 911	6 904	7.016	7.068	7.121	7.173	7 225	7.278
14	7.330	7.332	7.435	7.487	7.540	7 592	7.644	7 697	7.749	7.801
15	7.854	7.906	7.958	8.011	8 063	8 116	8 168	8.220	8 273	8.325
16	8.377	8.430	8 482	8.534	8 587	8.639	8 691	8.744	8 796	8.849
17	8.901	8.953	9 006	9.058	9 110	9 163	9.215	9.267	9 320	9.372
18	9.425	9 477	9.529	9 582	9 634	9.686	9.739	9 791	9.843	9.896
19	9.948	10 000	10.053	10.105	10 158	10.210	10.262	10.315	10 367	10 419
20	10 472	10 524	10.576	10 629	10.681	10 734	10.786	10.838	10 891	10.943
21	10.995	11.048	11.100	11 152	11 205	11 257	11.309	11 362	11 414	11 467
22	11.519	11.571	11 624	11 676	11.728	11.781	11 833	11.885	11 938	11.990
23	12.043	12 095	12.147	12 200	12 252	12 304	12.357	12.409	12.461	12 514
24	12.566	12.618	12.671	12 723	12 776	12.828	12 880	12 933	12.985	13.037
25	13 090	13 142	13 194	13 247	13 299	13.352	13.404	13.456	13.509	13 561
26	13 613	13 666	13 718	13.770	13 823	13 875	13.027	13 980	14 032	14.085
27	14.137	14.189	14.242	14 291	14 346	14.399	14 451	14 503	14 556	14.608
28	14 661	14.713	14.765	14.818	14 870	14.922	14.975	15 027	15 079	15.132
29	15 184	15.236	15 289	15 341	15.394	15 446	15.498	15 551	15 603	16 655
30	15.708	15.760	15.812	15.865	15 917	15 970	16 022	16 074	16.127	16.179
31	16 231	16 284	16 336	16.388	16 441	16.493	16,545	16.598	16 650	16.703
32	16.755	16.807	16.860	16.912	16 964	17.017	17.069	17 121	17.174	17.226
33	17.279	17 331	17.383	17.436	17 488	17.540	17.593	17.645	17.697	17.750
34	17.802	17 854	17 907	17 959	18.012	18.064	18 116	18.169	18.221	18 273
35	18.326	18.378	18 430	18 483	18 535	18.588	18 640	18.692	18 745	18.797
36	18.849	18.902	18.954	19.006	19.059	19.111	19 163	19 216	19.268	19 321
37	19.373	19.425	19.478	19.530	19.582	19 635	19.687	19 739	19 792	19 844
38	19 897	19 949	20 001	20 054	29.106	20 158	20.211	20 263	20.315	20.368
39	20.420	20.472	20 525	20 577	20 630	20 682	20.734	20 787	20.839	20 891
40	20.944	20.996	21.048	21.101	24.153	24 206	21.258	21.310	21.363	21 415
41	21.467	21.520	21 572	21.624	21.677	21 729	21.781	21.834	21 886	21.939
42	21.991	22 043	22.096	22.448	22 200	22.253	22.305	22 357	22.410	22.462
43	22.514	22.567	22 619	22 672	22.724	22.776	22.829	22.881	22.933	22.986
44	23.038	23 090	23 143	23.195	23 248	23.300	23 352	23.405	23.457	23 509
45	23 562	23.614	23 666	23.719	23.771	23 823	23 876	23.928	23.981	24.033
46	24.085	247138	24 190	24.242	24.295	24 347	24.399	24.452	24.504	24.557
47	24 609	24 661	24 714	24 766	24 818	24 871	24.923	24.975	25 028	25.080
48	25.132	25.185	25 237	25.290	25.342	25 394	25.447	25 499	25.551	25 604
49	25.656	25.708	25 761	25.313	25.866	25.918	25.970	26.023	26ₑ075	26.127
50	26.180	26.232	26.284	26.337	26.389	26 441	26.494	26.546	26.599	26.651

CHAPITRE V

PETITS TOURS DE PRÉCISION

Beaucoup de travaux de petite mécanique qui exigent une haute précision ne peuvent être entrepris que sur des outils irréprochables à tous égards; de cette catégorie sont ceux qui se rapportent à l'horlogerie, à la télégraphie, à l'optique, à la cinématographie, à l'électricité, etc.; il

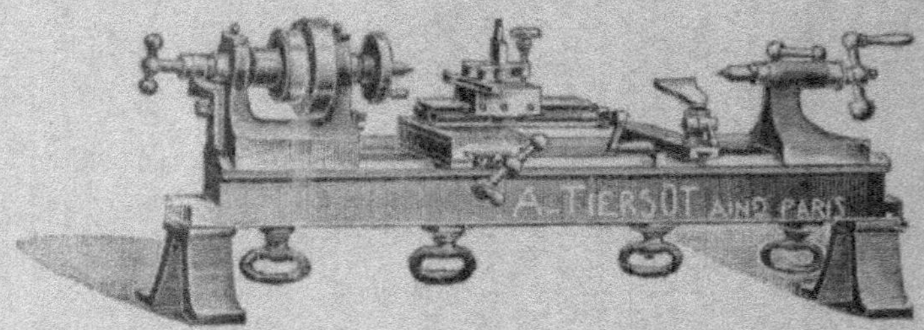

Fig. 31.

est encore souvent nécessaire d'exécuter des pièces inter-changeables, de sorte qu'aucun détail ne doit laisser à désirer dans leur confection.

Un tour de ce genre (fig. 31), pris comme exemple, se compose d'un *banc* dont les vés supérieurs sont dressés avec le plus grand soin et qui est supporté soit par des pieds indépendants, soit par des pieds coulés avec le banc.

Avec la première disposition, on exhausse l'ensemble en le fixant sur un établi ou sur des pièces de bois, etc.

La *poupée* (fig. 32) comprend une cage *p* solide que l'on

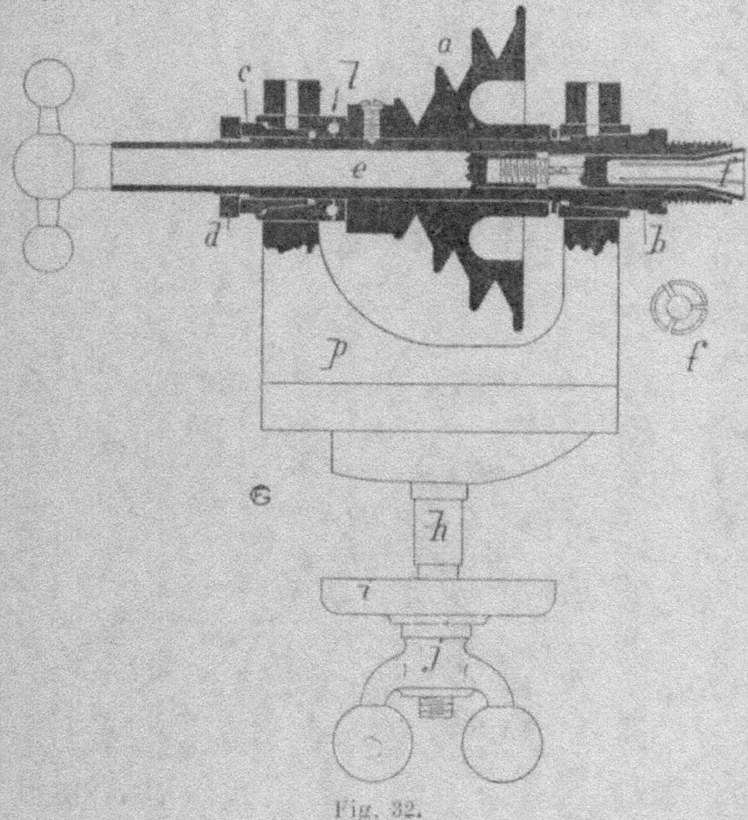

Fig. 32.

assujettit sur le banc par boulon, traverse et écrou à manette, *h i j* ; elle est traversée par un arbre creux *b* en acier trempé et rectifié ; les coussinets sont également en acier et à portée tronconique tantôt sur le coussinet lui-même, tantôt sur un contre-coussinet à l'arrière ; ce dernier est à rattrapage de jeu concentrique au moyen d'un écrou, et il est prolongé par une buttée à billes *c*.

La *broche* reçoit un cône à gradins ou à gorges ; l'introduction des poussières ou autres, dans la portée avant, est empêchée par des anneaux de protection.

Dans l'axe de la broche on peut introduire, lors de certains travaux, une pince de construction spéciale *f*, en deux parties : la pince fendue et la clé à béquille ; en tournant cette dernière on serre et on desserre rapidement les

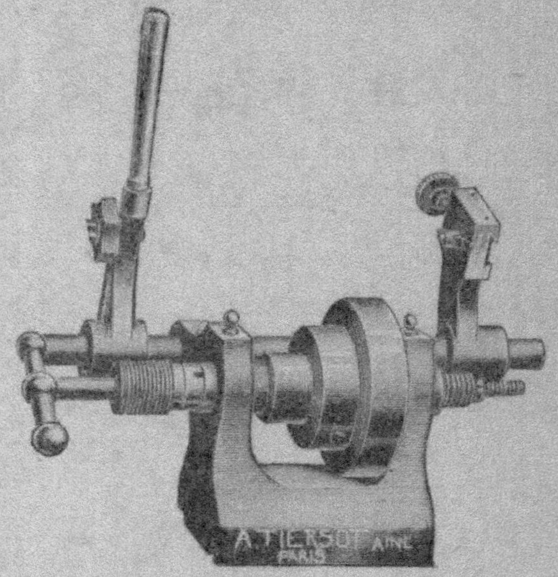

Fig. 33.

mâchoires de la pince, ce qui permet de changer et de centrer, automatiquement et en un rien de temps, les objets dans le nez de la broche.

La *contre-pointe* se fait avec rapprochement des lèvres à vis ou rapprochement à levier ; il n'y a rien de particulier pour cet organe. Mais le support à chariots comporte avant tout de larges surfaces, en vue d'augmenter l'aplomb et de diminuer l'usure ; il doit, c'est compréhensible, être traité d'une façon parfaite dans toutes ses parties.

Ici, c'est le chariot supérieur qui pivote sur le chariot inférieur, et il est à recommander, à ce propos, que les angles puissent être aisément repérés par un index complété par des divisions.

Les outils se serrent ou se desserrent, au montage, grâce à la présence d'une pièce à fourche avec écrou et vis supplémentaire à tête molletée.

Ce tour, composé ainsi qu'on en juge d'éléments primi-

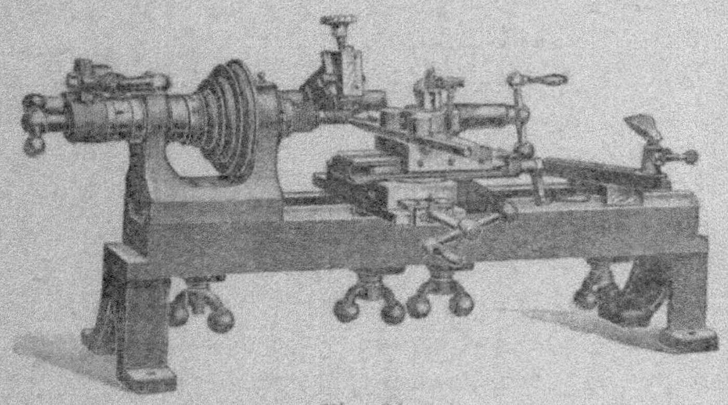

Fig. 34.

tifs comme conception mais strictement calibrés, se transforme en tour à fileter par un dispositif des plus ingénieux qui nous l'a fait choisir à titre d'intermédiaire, entre les tours à pointes et les tours à fileter vulgaires avec lesquels il n'a aucune analogie, ce que l'on verra en temps et lieu par comparaison.

A cet effet, la poupée est munie d'un arbre secondaire parallèle à la broche (fig. 33-34); ledit arbre est solidaire, à une de ses extrémités, d'un *porte-outil* de filetage, tandis que, à l'autre bout, il fait corps avec un levier permettant de le lever ou de l'abaisser.

Sur le levier précité est fixé un *peigne* (voir plus loin ou à la table des matières) dont le *pas* est le même que celui d'un manchon *c*, fileté extérieurement, calé sur la broche et tournant sans conteste valable à la même vitesse que celle-ci.

Si donc on abaisse le levier *k* de façon à amener au contact le manchon *c* et le peigne *p*, puis qu'on mette le tour en marche, il est indubitable que les *filets* du peigne participeront sans hésiter aux mouvements des filets du manchon et qu'en fin de compte : l'arbre auxiliaire sera entrainé dans le sens commandé par les filets ; par conséquent enfin l'outil tracera un pas identique à celui du peigne sur une pièce tenue entre pointes sur le tour.

En raison de ce que le déplacement longitudinal s'obtient avec peu d'emprise circonférencielle, le peigne forme hexagone à côtés légèrement creux, ce qui fournit six pas différents reproduits fort exactement par leurs manchons respectifs.

Par ce procédé, le filetage se fait avec au moins autant de précision que sur un tour parallèle (bien plus coûteux et compliqué) et beaucoup plus rapidement ; il suffit, en effet, de relever tout bonnement le levier et de le ramener en arrière, puis de dégager la pièce par le secours de la clé de la pince, pour pouvoir recommencer une opération en tous points semblable et précise.

CHAPITRE VI

TOURS SIMPLES A ENGRENAGES

Dans le tour à engrenages (fig. 35), la poupée seule diffère de celle des bidets : elle est à **double harnais**, ce

Fig. 35.

qui permet d'obtenir un plus grand nombre de vitesses.

Sur la *broche*, portée dans les deux coussinets et maintenue par le grain de buttée, ou cale (fig. 36 et 37), une roue dentée *a* ; le cône étagé *c* est *fou* sur l'arbre, mais il est solidaire, fonderie ou ajustage, d'un pignon *d*.

En arrière, un prolongement des supports verticaux de la poupée reçoit un arbre parallèle à la broche, et sur cet axe secondaire sont calés un pignon *e* ainsi qu'une roue *h*, correspondant aux engrenages précédents *a* et *d*.

On peut au surplus, selon nécessité, 1° réunir la roue *a* et le cône *c* en empêchant, simultanément, *h* et *e* d'engrener avec *a* et *d* (voir les références) ; 2° rendre indépendants *a* et *b* tout en amenant en prise, en même temps, les dents des engrenages.

Dans le premier cas, la broche est commandée directement ou *à la volée* par le cône étagé qui emprunte le calage de *a* ; par suite, dans l'exemple ci-contre, on disposera de trois vitesses différentes.

Avec le *harnais* engagé, il y a démultiplication des vitesses, c'est-à-dire une nouvelle série de trois vitesses dissemblables, quoique de même sens que les précédentes.

Enfin, en laissant engrenés *a*, *e*, *h*, *d*, d'une part, et en mettant en prise *a* et *b*, d'autre part, on empêche absolument et inébranlablement tout mouvement de la broche (sauf le jeu), ce qui est utile pour quelques opérations ou tours de mains.

L'avantage de disposer de vitesses de rotation plus ou moins différentes réside surtout dans la faculté d'arriver à des vitesses linéaires de coupe *presque* uniformes pour des pièces de diamètres pourtant bien dissemblables ; il est nécessaire, en effet, que le chemin parcouru sur la circonférence, devant l'outil immobile en réalité, soit constant durant l'unité de temps, ainsi qu'on l'a signalé autre part.

Il est à noter aussi que la réduction de vitesse permet de compter avec une augmentation à peu près proportionnelle de force quand il en est besoin.

On rend solidaires la roue dentée *a* et le cône étagé *b* par
divers dispositifs ; les plus fréquents sont les suivants
(fig. 36 et 37) : la poulie à gradins *c* porte un évidement

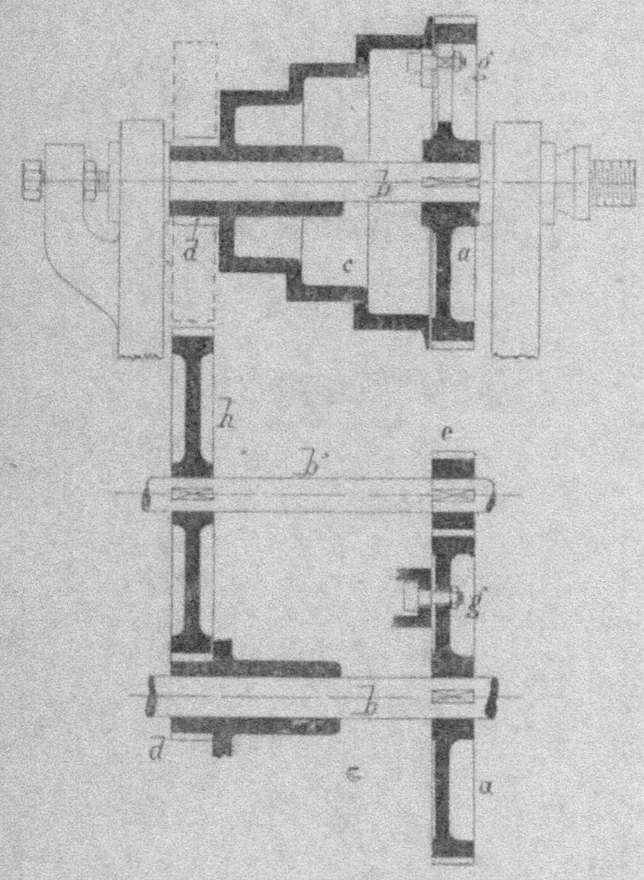

Fig. 36 et 37.

médullaire taillé en T, dans lequel vient se loger un boulon à tête carrée *g* ou de forme correspondante, et dont la
tige à repos passe, d'autre part, dans une courte rainure
de la roue dentée *a*.

En faisant glisser le boulon dans un sens ou dans l'autre,

les deux pièces deviennent ou solidaires ou indépendantes.

On peut encore (fig. 38) obtenir les mêmes résultats au

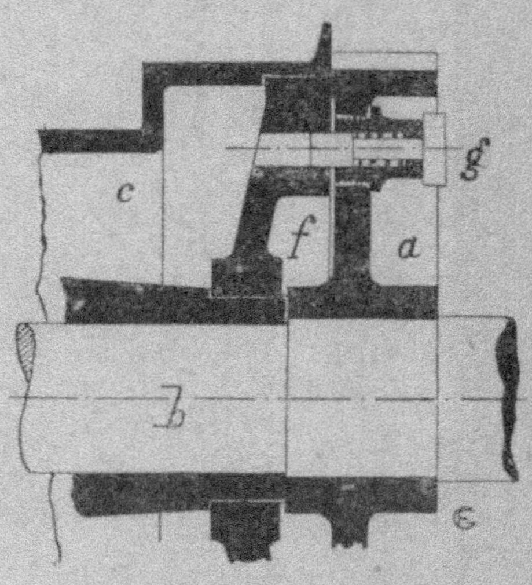

Fig. 38.

moyen d'un ergot d'arrêt *g* ou d'une vis se déplaçant ou se serrant, à la demande, entre les deux organes.

Quant au débrayage de l'arbre secondaire, il s'opère de plusieurs manières dépendant du goût des constructeurs

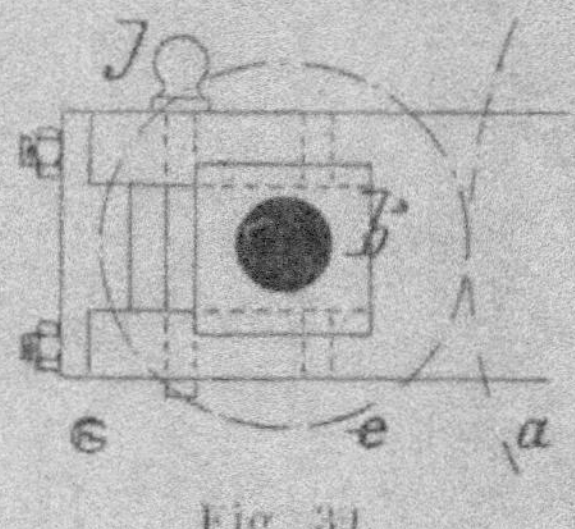

Fig. 39.

et de la force du tour ; tantôt cet arbre repose dans des coussinets rectangulaires (fig. 39) coulissant dans des ouvertures de même forme ; on les arrête alors et on les maintient par des broches verticales ; l'inconvénient est que l'arbre ne se déplace pas toujours bien parallèlement.

Dans le *train baladeur*, on fait avancer la roue, latéralement, d'une quantité égale à la largeur des dents, soit dans les coussinets, soit par interposition d'un arbre creux ; en ce cas, l'embrayage ne peut pas être instantané, puisqu'il faut, naturellement, quelque peu tâtonner pour mettre les dents en prise, sauf dispositifs spéciaux.

Un moyen peu employé consiste à placer l'arbre secon-

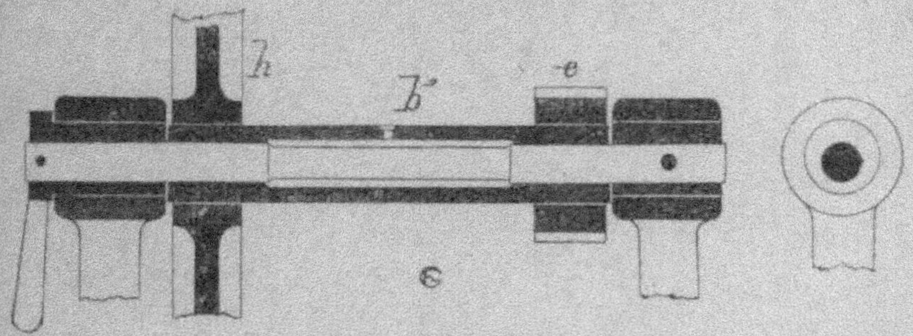

Fig. 40 et 41.

daire sur un bâti articulé vers la base de la poupée, à l'instar de la machine à centrer signalée ailleurs.

Dans la prise tangentielle (fig. 40 et 41), on adopte le système par tourillons excentrés : le pignon *e* et la roue *h* sont montés sur un fourreau *b'* pivotant librement sur un arbre à tourillons excentrés ; on cale un volant ou une manette à l'extrémité d'un des tourillons, le mieux à portée du tourneur, de sorte qu'on fait facilement décrire à l'ensemble un arc de cercle, d'autant plus petit que la distance des centres est plus grande.

Ce dispositif a l'avantage de provoquer un débrayage instantané et un embrayage sans à-coup.

Quel que soit le mode adopté d'ailleurs, il est bon de compléter les embrayages et débrayages par un enclanchement d'arrêt absolu.

Avec le tour à engrenages, eu égard à l'augmentation de la force susceptible d'être développée lors de la plupart des travaux, on emploie un support simple d'outil à chariots

Fig. 42.

superposés (fig. 42 et 43) ; on ne saurait en effet se contenter, en général, des outils conduits à la main.

Ces supports mécaniques ont un ou deux mouvements à

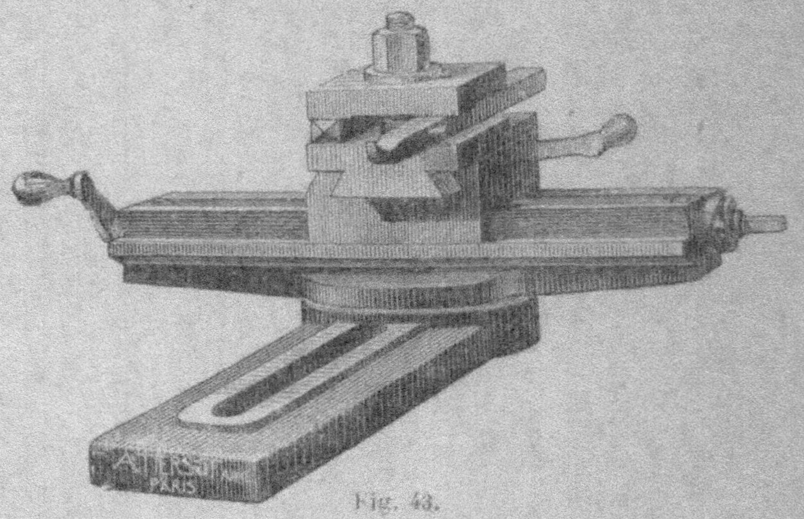

Fig. 43.

angle droit ; la dernière disposition est bien préférable ; ils sont composés, en principe, d'une *semelle* ou *table* en fonte se fixant sur le banc à la manière ordinaire ; sur cette

semelle (ou encore *trainard*) est monté un chariot pivotant,
par un simple boulon à axe vertical.

Ce premier support est muni d'une tige filetée s'enga-
geant dans un écrou du chariot transversal supérieur,
lequel peut coulisser dans des réglettes taillées en biseau.

Le chariot porte-outil proprement dit est également
mis en mouvement par vis et manette, amovible, rarement
un volant trop encombrant, et le tout est garanti contre
l'introduction des copeaux autant que faire se peut.

L'outil lui-même est serré fortement en place par des

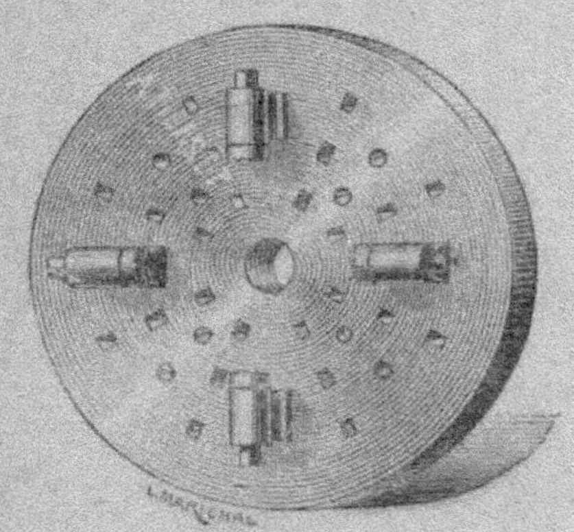

Fig. 44.

brides et des écrous ; son tranchant extrême demande à
être bien soutenu ; on peut aussi faire usage d'un porte-
outil universel (voir plus loin). Par la manœuvre des mani-
velles, simultanément ou isolément, on conçoit sans plus
de commentaires comment procéder pour tous travaux de
dégrossissage, surfaçage et finissage.

Il est à peu près indispensable de munir accessoirement
ce tour d'un plateau plus ou moins important (fig. 44)
avec *poupées à pompe* (fig. 45 et 46) ou d'un plateau universel (fig. 56), dont la destination est de serrer les pièces
que l'on veut tourner *en l'air*, c'est-à-dire en porte-à-faux ;

le plateau se visse ou, rarement se cale sur le nez de la broche.

Les agencements ci-dessus décrits conviennent, sauf des

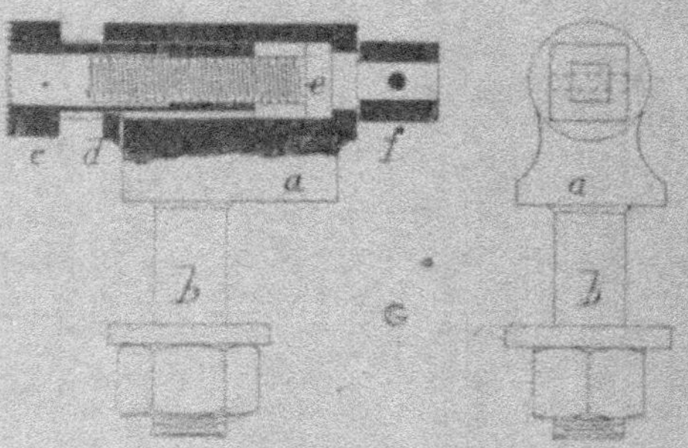

Fig. 45 et 46.

modifications de détail, aux véritables **tours en l'air** (fig. 47-48) ; le plateau de ceux-ci est en général actionné directement, au moyen d'une denture intérieure du pour-

Fig. 47.

tour ; une fosse, de dimensions appropriées, est réservée devant le plateau ; le porte-outil s'adapte dans les rainures en T d'un marbre en fonte au niveau approximatif du parquet général, et le déplacement de l'outil se fait par transmission soit indépendante soit réglée à la vitesse de la broche par renvois en élévation.

Le plateau porte des nervures *robustes* circulaires et des nervures radiales ; il est percé (fig. 44) de trous ronds, carrés

Fig. 48.

ou rectangulaires pour recevoir les poupées à pompe ou à griffes (fig. 49 à 54).

Une *griffe de tour* classique comporte (fig. 45 et 46) un

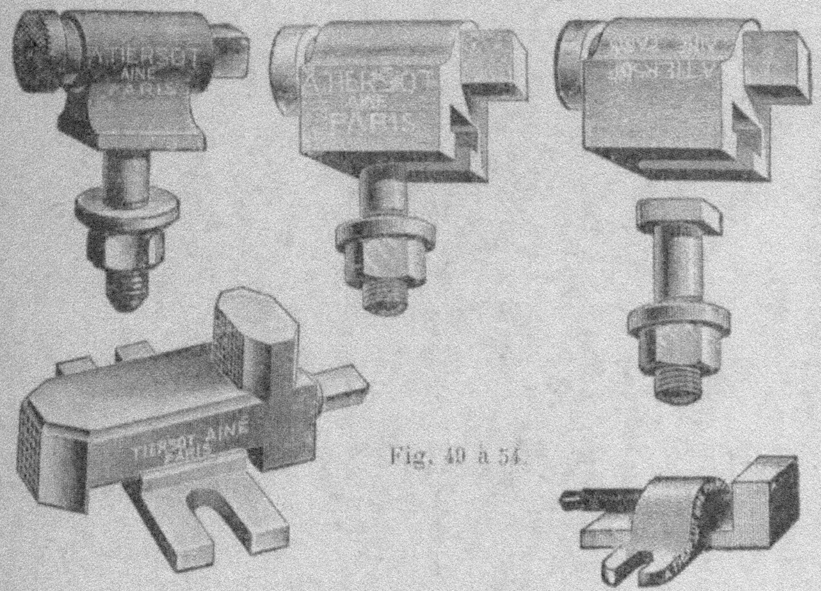

Fig. 49 à 54.

corps en acier *a* ; la tige *b* peut être rapportée ou non et elle se termine par un écrou avec rondelle ; la pompe *c* s'engage dans l'alésage du corps *a* et un ergot *d*, retenu par une petite vis, l'empêche de tourner; l'autre extrémité est à pointes de diamant.

Au centre de la pompe passe la vis de serrage *e*, qu'un

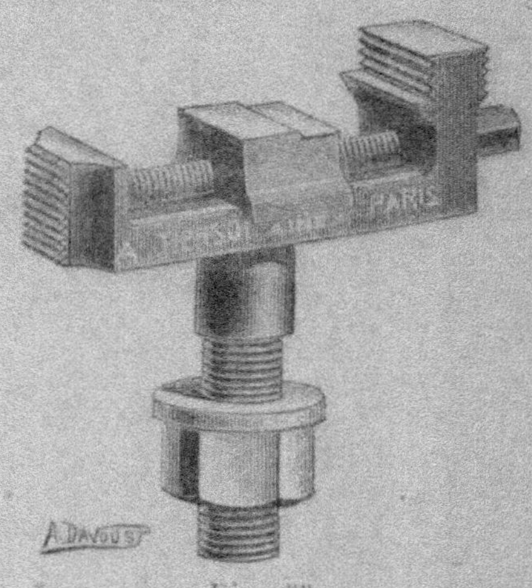

Fig. 55.

collet retient contre le corps *a*; la vis est terminée par un carré réuni, par goupille, à un cube de manœuvre *f*.

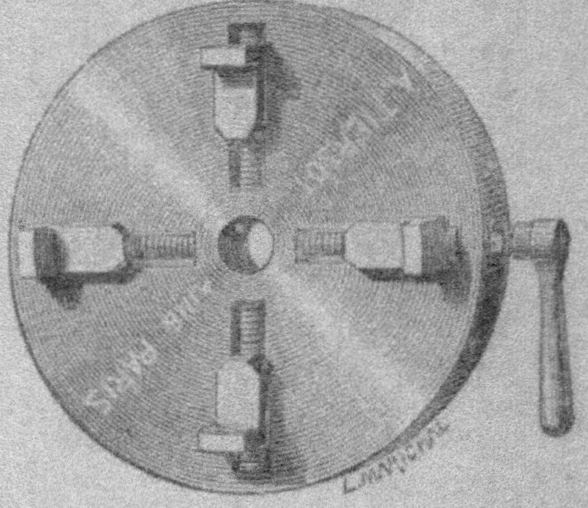

Fig. 56.

Un autre genre de poupée à griffes (fig. 55) permet de transformer le simple plateau à trous d'un tour quelconque en un véritable plateau universel.

Le *plateau à mors* (fig. 56, 57 et 58) est disposé avec quatre rayons médians où sont ménagées des rainures; dans ces rainures renforcées, en raison de la résistance aux efforts auxquels est soumis le plateau, se logent des vis qui ne font que tourner sur elles-mêmes et qui passent dans le taraudage des mors.

Ces mors sont de formes et de dimensions variées; il est

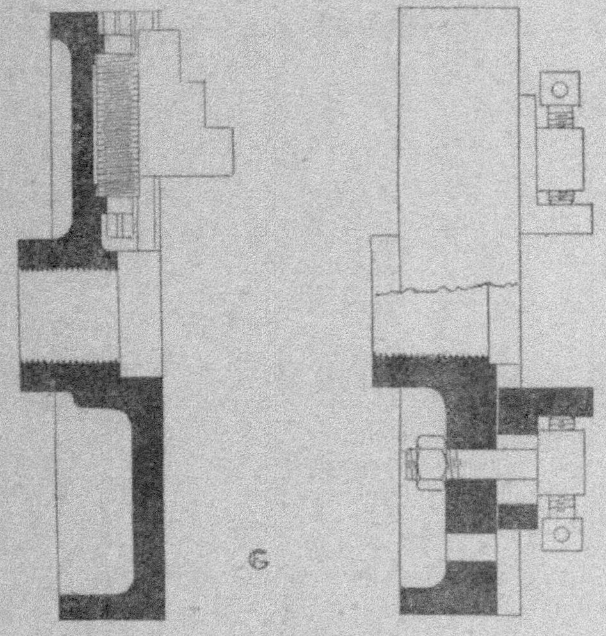

Fig. 57 et 58.

toutefois recommandé de n'employer ce système que pour des dimensions moyennes.

Dans quelques dispositifs, quand la pièce à travailler est centrée, on serre énergiquement le mors contre le plateau par l'intermédiaire d'un écrou appuyant sur une traverse (fig. 49 et autres).

L'inconvénient inhérent au montage des pièces par les

procédés ci-dessus est d'exiger beaucoup de temps pour le centrage; comme nous le verrons dans la suite, il vaut mieux, si toutefois l'ampleur ou le poids des pièces s'y prête, employer les mandrins universels avec lesquels on produit un centrage et un serrage automatiques à peu près instantanés.

En général, d'ailleurs, les tours en l'air sont peu à peu remplacés par des machines-outils plus modernes, offrant plus de précision et de sécurité : les *tours verticaux*, que nous avions dénommés tourneuses dans un de nos ouvrages déjà cité.

CHAPITRE VII

OUTILS DE TOUR

Ces outils, que l'on monte sur le chariot directement ou sur un porte-outil intermédiaire, sont faits en *aciers à outils* ou en *aciers rapides*; on sait que les premiers trempent à l'eau, parfois même à l'huile (1), et que les autres, appelés par quelques auteurs auto-trempants, ont la propriété de tremper à l'air; ces derniers supportent aisément, qualité essentielle aujourd'hui, des efforts et des vitesses telles qu'ils rougissent pendant le travail sans que, malgré cette élévation de température due à la transformation du travail en chaleur, ils n'en paraissent affectés d'aucune façon; ils feront l'objet d'un chapitre subséquent assez détaillé.

La conformation du tranchant ne sera pas, en conséquence, absolument identique dans les deux cas; c'est pourquoi il y a lieu d'examiner d'abord la manière dont un burin de tour détache le copeau.

La position la plus convenable du tranchant (fig. 59) est celle ci-contre : le point *t* doit être à la hauteur des pointes; il est en outre nécessaire que le burin ait le moins pos-

(1) Manuel : *Outils et Machines-Outils, Forge et Fonderies.*

sible de porte-à-faux, qu'il soit en un mot soutenu près du point *t*; car s'il obéissait à une flexion quelque peu sensible, le tranchant, en pénétrant trop dans la matière, pro-

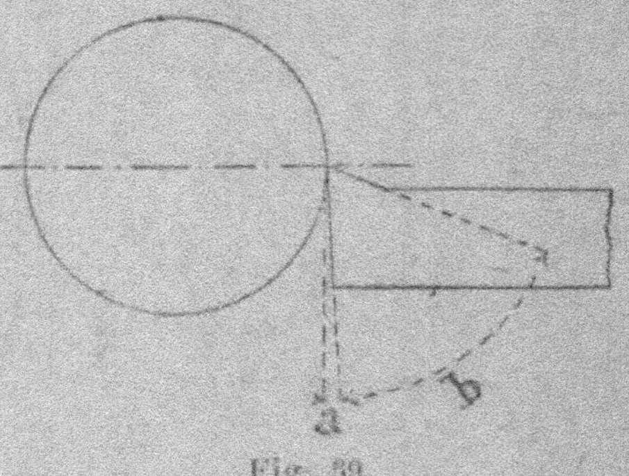

Fig. 59.

voquerait une résistance exagérée ; on dit en cette circonstance qu'*il plonge* ou qu'*il s'engage*.

Le bec de l'outil doit d'abord être incliné par rapport à l'axe horizontal du centre, afin que le copeau se dégage

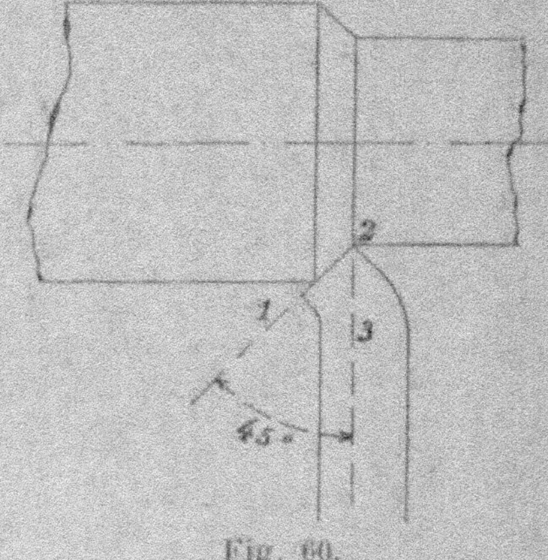

Fig. 60.

nettement sans se briser ; cet angle a reçu le nom d'*angle de dégagement*.

Il faut aussi que l'outil ne *talonne* pas, et c'est pourquoi on le termine selon une partie biaise *a* que l'on distingue par la dénomination d'*angle d'inclinaison* ou *angle d'incidence*.

La partie utile se réduit donc à *b*, appelé tantôt *angle tranchant* et tantôt *angle de coupe*; de même, si on examine (fig. 60) l'outil en plan, on a un dernier angle *1 2 3* en biais, pour faire les passes de dégrossissage; c'est l'*angle d'attaque*, ordinairement d'environ 45 degrés.

D'après les expériences de Joëssel sur les aciers ordinaires à outils, les valeurs respectives des angles seraient les suivantes; elles ne sont qu'approximatives aujourd'hui, car les qualités très variées des aciers modernes n'ont que de vagues rapports avec celles des aciers de cette époque :

	a	*b*	*d*
	degrés.	degrés.	
Bronze.	3 à 5	65 à 75	complément.
Fonte	4	50 à 70	—
Fer et acier moyen.	3 à 4	50 à 60	—
Acier dur	3	75 à 80	

Quant aux aciers rapides, très rapides ou ultra-rapides selon leur composition, c'est-à-dire selon leur teneur en certaines substances jalousement conservée secrète par plusieurs fabricants, on donne sans garantie les chiffres suivants :

	a		*b*		*d*
	Dégros-sissage.	Planage.	Dégros-sissage.	Planage.	
Pièces légères en fer ou acier doux	20°	25°	50°	50°	complément.
Pièces lourdes	18	22	60	50	»
Pièces en acier coulé d'ar.	20	25	63	55	»
avec un angle horizontal d'attaque de 40 à 50°.					

On confectionne, le plus généralement, les outils de tour dans de l'acier carré; cependant il n'y a pas là une règle absolue; on utilise tout aussi bien des barres à section rectangulaire ou ronde; la dimension tranversale desdites barres dépend non seulement de la force de la machine et de la résistance du métal même de l'outil, mais encore de la façon dont l'outil est soutenu, ce qui varie évidemment avec les travaux à faire.

Il est d'habitude que les outils soient forgés, préparés et trempés par le tourneur lui-même, selon ses aptitudes professionnelles qui lui font choisir les formes générales qu'il

Fig. 61 à 70.

a reconnues les plus convenables à une besogne déterminée; c'est là, à notre avis, un errement qui a presque force de loi mais dont les résultats sont parfois médiocres; il serait préférable d'adopter un moyen terme, en ne laissant pas la confection des burins de tour à la complète appréciation de l'ouvrier et en lui imposant des types étalonnés, dont les modèles et gabarits seraient mis à sa disposition.

Les principales formes pour les *aciers trempant à l'eau* sont celles que l'on donne pour: charioter droit, charioter à droite ou à gauche, charioter intérieurement, tronçonner et planer (fig. 61 à 70); ayant chauffé l'acier avec précaution à la température de 700 à 800 degrés (rouge cerise), on

le forge sur l'enclume ; on l'étire après qu'il a reçu préalablement un coup de dégorgeoir (fig. 71 à 74) et on amène
l'extrémité à la forme d'un tronc de pyramide légèrement

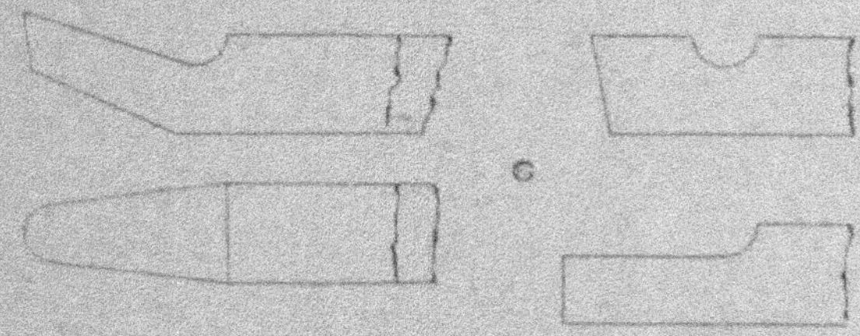

Fig. 71 à 74.

coudé et déjeté (fig. 75 à 78), ou franchement contre-coudé,
ou encore aminci, selon la destination de l'outil ; enfin on
termine le tranchant à la lime.

On le trempe ensuite à l'eau ou à l'huile, suivant la dureté à obtenir, en commençant par la partie tranchante qui

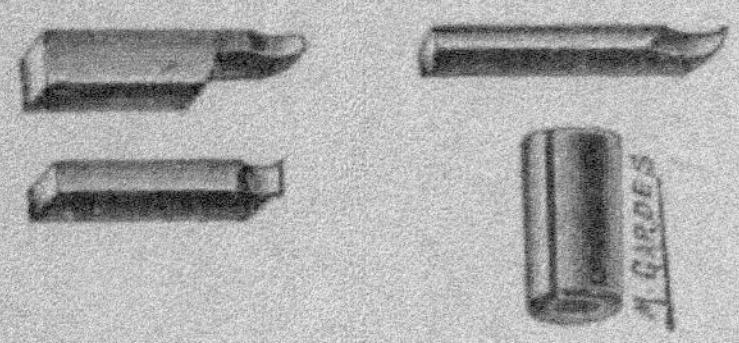

Fig. 75 à 78.

doit être présentée normale au bain ; le recuit se fait à la
manière ordinaire soit par *revenu*, soit par réchauffage,
jaune pâle ou gorge de pigeon, pour qu'il soit trempé plus
ou moins sec.

Les outils à tronçonner ou *saigner* s'emploient pour débiter les arbres en fer ou acier à la longueur voulue par
une tranche mince transversale ; en raison de la petite
épaisseur qu'ils ont en coupe horizontale, on leur donne le
plus de hauteur possible pour qu'ils ne fléchissent pas,
ainsi qu'une certaine dépouille dans les deux sens.

Pour planer, c'est-à-dire pour la finition et le polissage,

on se sert d'un outil recourbé qui, faisant ressort, n'enlève que très peu de matière ; en outre cette élasticité prévient la rupture de l'outil ; son tranchant demande à être affûté aussi finement que possible après trempe.

Quand on confectionne les outils en *acier rapide*, il y a lieu de se conformer en tous points aux indications des fournisseurs ou des usines qui les livrent, car leur composition, nous le répétons, est assez variable et ne saurait d'aucune façon être comparée à celle des aciers au carbone, d'une formule pour ainsi dire classique.

Comme le lecteur trouvera toute une étude à leur sujet, nous nous contenterons ici de mentionner que leur forgeage est plus grossier parce que, d'une part, on les réserve aux passes de dégrossissage et que d'autre part il faut ne les préparer, rapidement, qu'à très haute température et avec beaucoup de précautions.

CHAPITRE VIII

TOUR PARALLÈLE

Il a reçu autrefois cette dénomination et l'a conservée parce que, dans cette machine-outil, le mouvement de déplacement longitudinal de l'outil ou, plutôt, du chariot porte-outil, a lieu parallèlement à l'axe, représenté par la ligne des pointes.

A part les opérations ordinaires de tournage entre pointes, à l'aide d'un simple plateau-toc, il permet le *filetage*, mathématiquement réglé, le perçage et l'alésage de certaines pièces, le fraisage, la confection de rainures, etc., c'est donc un outil universel qui convient, selon sa capacité, dans tous les ateliers et qui complète la série des tours spéciaux pouvant y être nécessaires.

On le distingue encore sous le nom de *Tour à charioter et à fileter* (fig. 79 et 80).

Les parties principales d'un tour parallèle sont le *banc*, la *poupée fixe* ou plus simplement poupée, le *chariot porte-outil* et la *contre-pointe* ; en outre divers accessoires lui sont indispensables soit pour son fonctionnement, soit pour l'exactitude plus ou moins grande du travail : *lunettes, plateaux, série d'engrenages*, équerres et détail pour mon-

tages, *mandrins*, etc., dont la description et le mode
d'emploi trouveront leur place dans la suite.

Fig. 79.

De même que dans le tour ordinaire, au crochet ou à
chariot mécanique, le **banc** comporte deux jumelles ser-

Fig. 80.

vant d'assise aux autres organes ; toutefois il est moins simple que précédemment, car il doit être beaucoup plus robuste que pour un travail à la main, être agencé pour des mouvements mécaniques ou automatiques nombreux et, surtout, être plus étudié, mieux exécuté et soigné que le banc du bidet.

Lorsque le plan supérieur du banc est arrêté à quelque distance de la poupée fixe, on dit que le tour est à **banc rompu** ou encore à **banc coudé** ; cet intervalle permet le passage de pièces d'un plus grand diamètre, mais, bien entendu par contre, de peu de longueur, une poulie par

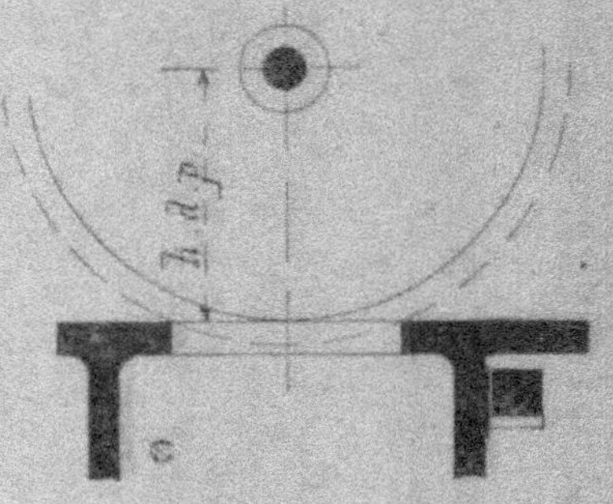

Fig. 81.

exemple ; on a de la sorte une augmentation de la *hauteur de pointes* dans la partie rompue.

La hauteur de pointes est la distance verticale existant entre l'axe des pointes et le niveau supérieur du banc ; c'est une expression classique et sa valeur limite, dans beaucoup de cas, le diamètre qui peut passer sur le tour.

Cependant, en raison de l'écartement entre les longerons, il arrive qu'on peut tourner (fig. 81) un objet de rayon plus grand que la hauteur de pointes (H. D. P. ou H. de P.), soit que le banc ait une surface plate, soit qu'il possède des prismes conducteurs, comme dans quelques tours de précision.

Si l'on n'a pas à utiliser le rompu, on rétablit ordinairement le plan général supérieur au moyen d'un *pont*, organe mobile exactement ajusté dans l'encoche et ne devant présenter aucune saillie susceptible de gêner le mouvement du chariot (1). Celui-ci peut donc être amené très près de la poupée, tout en restant parfaitement guidé.

Quand il s'agit de résister aux efforts considérables développés lors de l'emploi des aciers rapides, le banc doit

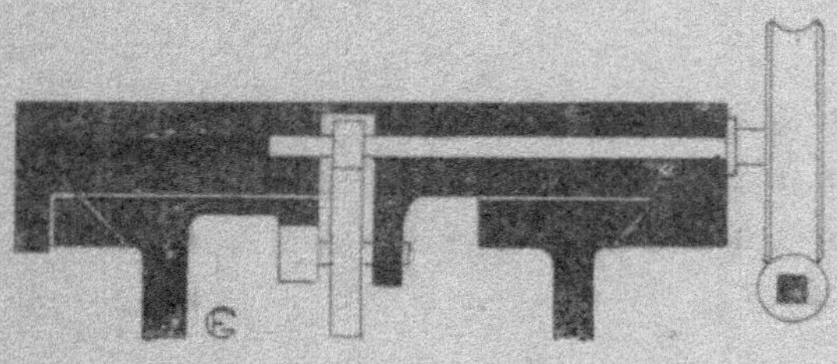

Fig. 82.

avoir, dans toute sa longueur, une rigidité suffisante pour qu'aucune vibration, flexion ou torsion n'interviennent pendant les plus fortes passes ; aussi renforce-t-on en conséquence les abords du rompu par des nervures et des entretoises.

Certains bancs descendent même jusqu'au sol, présentant ainsi dans cette disposition des cavités que l'on peut utiliser comme armoires, ou encore pour recueillir l'huile, l'eau de savon, les copeaux provenant du travail.

Enfin le banc est pourvu d'une *crémaillère* (fig. 81 et 82) maintenue par de fortes vis et engrenant avec un pignon du chariot ; ainsi qu'on le verra plus loin, cette crémaillère sert non seulement à ramener vivement celui-ci en arrière ou à une position voulue, mais à ménager la vis-mère et à

____

(1) Ce banc n'est cependant pas indispensable et il a été supprimé radicalement par plusieurs bonnes maisons de construction.

réduire son usure, du moins dans les tours possédant une *barre de chariotage*.

La **poupée fixe** se présente sous des formes assez variées quant à ses dispositifs, mais en principe elle com-

Fig. 83.

prend (fig. 79 ou 80) un corps robuste en fonte fixé sur le banc et portant, vers le haut, deux ou trois arbres parallèles, ainsi que des axes accessoires en divers endroits.

Par-dessous, elle doit s'ajuster exactement entre les

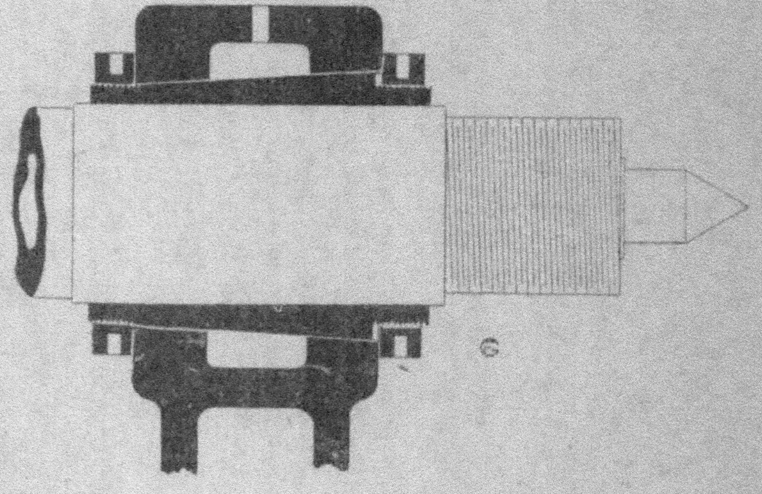

Fig. 84.

jumelles, auxquelles elle est retenue d'une manière invariable (fig. 83) ; sa *broche* passe dans deux coussinets, avec ou sans chapeaux ; ceux-ci sont à rattrapage de jeu concentrique (fig. 84), non seulement pour éviter les broutages, mais parce que la condition primordiale à satisfaire réside dans un parallélisme absolu entre l'axe de la broche et le plan *horizontal* des longerons.

Ce rattrapage de jeu concentrique se fait, de préférence, au moyen de coussinets coniques extérieurement, la portée de la broche dans le coussinet restant alors cylindrique et aussi longue que possible ; il faut remarquer, en effet, que cette broche est trempée et rectifiée et que cette dernière opération, la rectification, est plus facile avec des parties cylindriques.

Des écrous ou des bagues de réglage s'appuyant contre le corps de la poupée complètent la fixation correcte de la broche.

Semblablement à ce qui a lieu dans certains tours étudiés ci-avant, on neutralise la résultante longitudinale des efforts quelconques exercés sur la broche par l'emploi d'un grain de *butée* ; si l'arbre est creux, disposition qui offre beaucoup de commodités pour une foule de travaux et qui est fort en vogue, on remplace la butée classique à pointe par une butée à roulement à billes, généralement située à l'extrême-gauche.

L'autre axe ou, selon la construction, les deux autres axes secondaires du relais des vitesses ne nécessitent aucune précaution spéciale, destinés qu'ils sont à ne recevoir que des engrenages de changement d'allure.

Le *nez*, ou partie de la broche en saillie sur le corps de la poupée, est à alésage cône ; il reçoit, dans ce logement, la *pointe* que l'on confectionne en acier trempé, avec rectification sur le tour même.

Sur la partie moyenne de la broche, sont ajustés (fig. 85) le cône à plusieurs vitesses, fou sur l'arbre comme dans le cas du tour à engrenages, et le pignon fixe par calage direct. En outre l'arbre du tour reçoit un petit pignon *v*, faisant corps avec lui et dont le nombre de rotations est *le même que celui de la pièce* à usiner ; ce pignon commande toute une série de roues dentées, dont on peut faire varier les combinaisons, pour transmettre en fin de compte le mouvement à une vis appelée **vis-mère** ; celle-ci a un rôle capital dans le tour parallèle, ainsi qu'on en jugera plus loin en détail.

Suivant la provenance ou suivant le goût des construc-

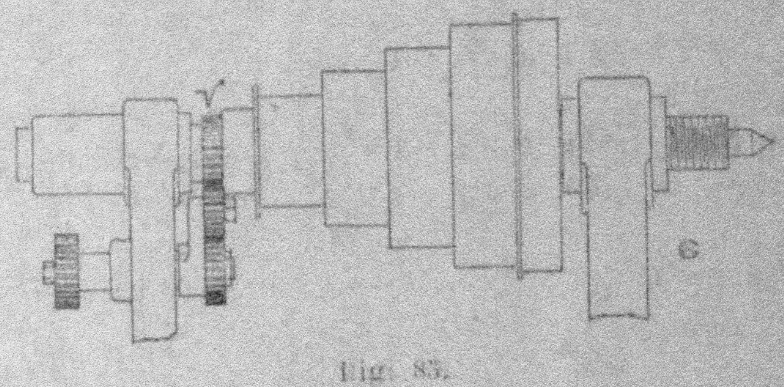

Fig. 85.

teurs, les changements de marche ou de vitesse, la commande aux divers organes, etc., etc., se disposent selon des modes très variés, mais cependant aussi accessibles que possible pour la facilité du travail ; on en trouvera également des exemples par la suite.

Pour le moment, nous simplifions autant que faire se peut, dans l'intention d'établir une progression dans la description de l'outillage moderne, qui comporte des perfectionnements de jour en jour plus nombreux et compliqués ; le lecteur s'en rendra donc ainsi mieux compte de proche en proche.

La **contre-pointe** est analogue à celle du tour à engrenages (fig. 86) ; son bâti est quelquefois évidé à l'avant pour laisser le chariot venir plus près et même tout contre elle, sur la droite ; elle doit être robuste, à l'égal de la poupée fixe, et son *canon* doit maintenir une concordance axiale parfaite de sa pointe avec la broche.

Elle se fixe sur le banc, dont elle épouse les formes par
son assiette, soit par un ou plusieurs boulons, soit par une

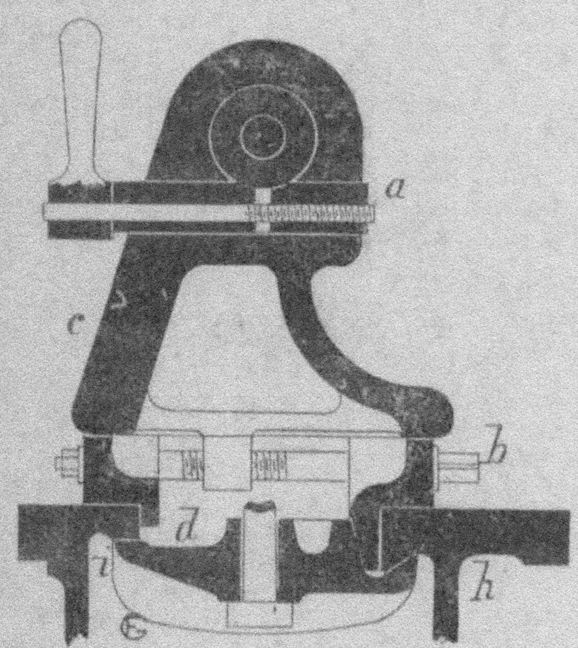

Fig. 86.

manette de serrage rapide, soit par taquet tombant dans
les dents d'une crémaillère spéciale (fig. 87) de contre-bu-
tée, etc.

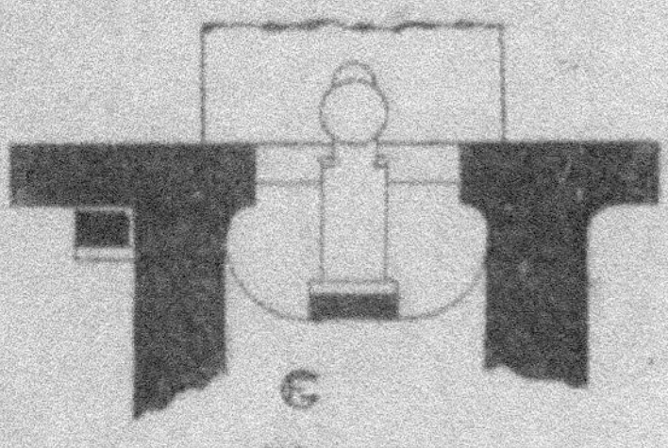

Fig. 87.

En principe, le **chariot** porte-outil est formé de trois
coulisses, avec lesquelles on obtient un *déplacement trans-*

versal et un déplacement longitudinal secondaire de l'outil
ce chariot est actionné tantôt à la main, tantôt par la vis-
mère *b*, et tantôt par une barre spéciale dite **barre de chariotage** *c* (fig. 88).

Sur le banc, repose la première coulisse dénommée *trainard* ou *tablier* ; le trainard doit être à très larges surfaces
d'assises, car c'est principalement lui qui fait réaction pendant le travail de l'outil ; il est guidé longitudinalement
par exemple par des queues d'hironde venues de fonte a

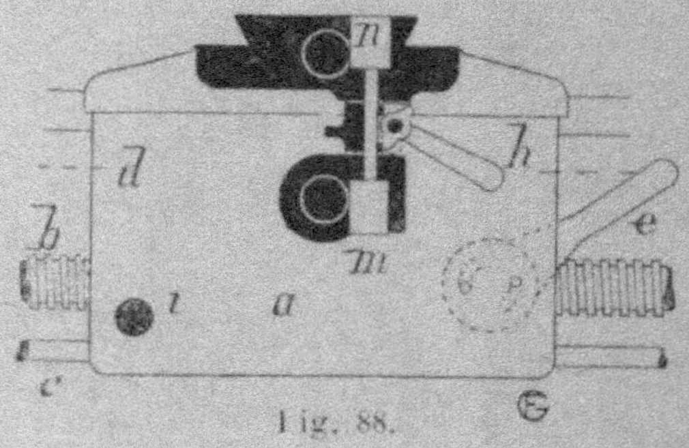

Fig. 88.

banc et sur lesquelles coulissent des réglettes réglables de
même forme (fig. 83), en bronze dur généralement ; mais le
mieux paraît encore de le faire coulisser sur des surfaces
planes et aussi larges que possible.

En façade, le tablier se coude vers le bas à angle droit et
se termine par un flasque verticale dénommée *cuirasse*, où
se logent quelques mouvements avec toute aisance de pose ;
le plus important parmi ces derniers est l'*écrou* de la vis-
mère (fig. 88).

La face supérieure du tablier a souvent des rainures
transversables, très utiles quand il s'agit de procéder à un
montage de pièces qu'il faut aléser sur le tour ; c'est sur le
trainard que se place la deuxième coulisse, qui a un mouvement transversal à l'effet de le communiquer à l'ensemble
de la troisième coulisse ; parfois même elle est munie d'une

base pivotante graduée permettant à l'outil de tourner des pièces coniques.

Dans nombre de tours, on peut commander la vis du mouvement transversal par des engrenages de renvoi, embrayables et débrayables par la manœuvre d'une poignée ; cette vis peut également, enfin, correspondre à une graduation fixe établie à son extrémité sur la cuirasse, de sorte que l'on se rende compte, par la position de l'index, de la profondeur des passes.

La troisième coulisse est, comme la précédente, munie d'une vis qui conduit le porte-outil proprement dit ; elle peut aussi être pivotante quand l'autre ne l'est pas déjà, et on la dénomme alors plus particulièrement *tourelle* ; en ce cas on a toute faculté de la poser selon n'importe quelles diagonales d'un quadrant horizontal.

L'outil (ou le porte-outil) est tenu à la partie supérieure par une plaque épaisse, au centre de laquelle passe un boulon avec contre-cale, par des vis ou par tout autre dispositif.

Pour obtenir le mouvement automatique longitudinal du chariot, on peut adopter deux systèmes : soit par la crémaillère, ainsi que cela avait lieu dans les anciens tours (fig. 82), soit par la vis-mère ; celle-ci est située tantôt en façade, tantôt entre les jumelles.

La **vis-mère** demande à être confectionnée en acier dur de la meilleure qualité pour restreindre l'usure à son minimum, et sa précision exige les plus grands soins, ce qui ne se réalise pas aisément pour certains travaux extrêmement précis ; elle a généralement la longueur du banc, bien qu'elle ne soit filetée que sur la partie utile et jusqu'à l'extrémité à droite ; dans le but de neutraliser l'effort horizontal qu'elle supporte pendant les passes, on dispose une bague de butée, souvent aussi un simple collet, contre l'un des coussinets où elle tourne.

Ordinairement elle est à filets carrés ou à section un peu trapézoïdale, qui s'engagent dans un *écrou*, en une ou deux parties, à une ou deux mâchoires, etc., que l'on peut embrayer et débrayer à volonté selon divers systèmes (fig. 88) ; cet écrou fait partie, on le sait, de la cuirasse du chariot ; par conséquent, à l'aide des roues intermédiaires

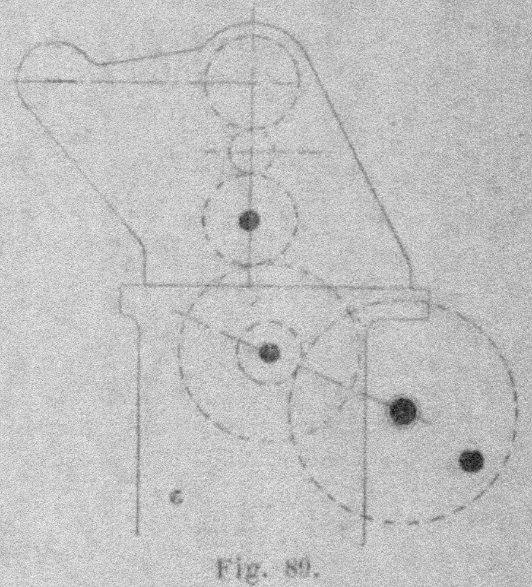

Fig. 89.

intercalées entre la broche et la vis-mère sur la *tête de cheval* ou dispositif similaire, on obtiendra automatiquement et mathématiquement (fig. 89) l'avancement du chariot lorsqu'il sera liaisonné, par ledit écrou, avec la vis-mère en mouvement.

Inversement, en renversant le sens de la marche on a la possibilité de faire revenir le traînard en arrière ; dans les deux cas il est bon de remarquer que, en résumé, l'outil va procéder sur la pièce en fabrication au tracé d'une hélice, qui disparait au fur et à mesure du déplacement si l'on chariote, ou qui forme une vis réelle si on laisse un plus ou moins grand intervalle, un *plein*, entre deux *saignées*.

Nous avons déjà signalé l'intérêt qu'il y a à ne pas se

servir, toujours et pour tous travaux, de la vis-mère, dans le but de réduire son usure au strict indispensable et, par suite, à lui conserver la précision qu'elle réclame ; à cette intention on compound aujourd'hui cet organe essentiel avec une **barre de chariotage**, qui constitue dès lors le deuxième système d'entraînement du chariot.

C'est une barre ronde (fig. 79, 80 ou 89) dont le mouvement de rotation *doit* être, au cours du travail, indépendant de celui de la vis ; elle est parallèle à celle-ci et commande des renvois à vis sans fin installés sous le chariot

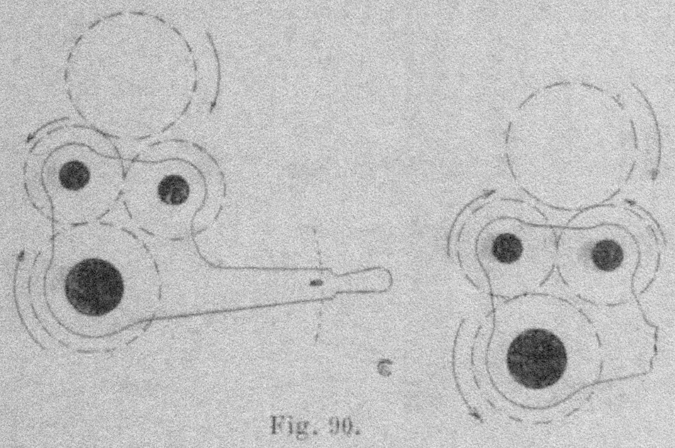

Fig. 90.

ou dans la cuirasse pour que, en définitive, elle puisse faire tourner un pignon engrenant avec la crémaillère fixe du banc ; dans ce but la barre de chariotage porte une rainure longitudinale où coulisse une pièce fixe du mécanisme du chariot, de telle sorte qu'on embraye ou débraye ce chariot à telle longueur désirée.

On dit que la barre est à *commande positive* quand sa mise en action n'est pas la même que celle de la vis-mère ; il est donc de bonne pratique qu'en aucun cas, ignorance ou oubli, on ne puisse embrayer simultanément le chariotage et le filetage, c'est-à-dire la barre et la vis. Il est en outre intéressant de munir la barre de chariotage de butées

automatiques de débrayage, soit pour prévenir ainsi toute
fausse manœuvre, soit pour faciliter le travail (fig. 90).

La transmission du mouvement à la barre, par la broche,
se fait de diverses façons : roues dentées, cônes à courroie, etc.

Dans les tours modernes, tous les engrenages sont taillés

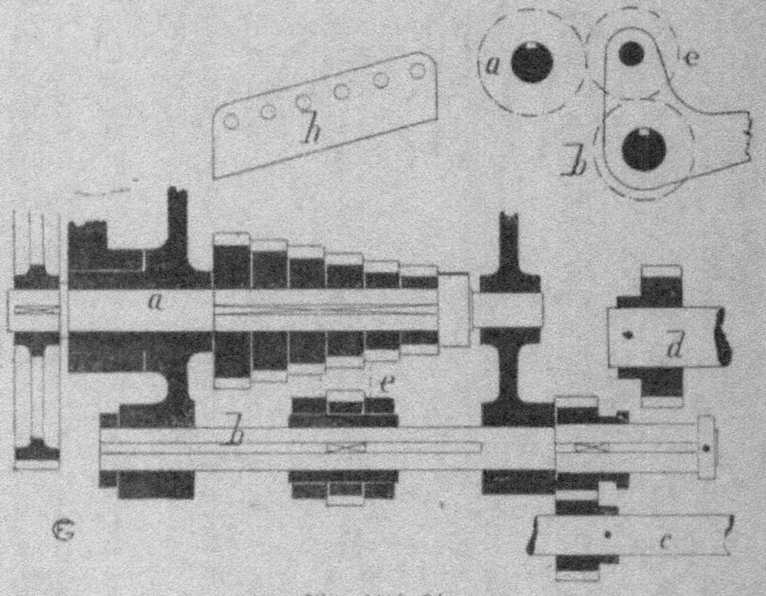

Fig. 91 à 94.

pour éviter le bruit et assurer plus de précision, même ceux
de la tête de cheval ; les roues de fatigue sont en acier et
es portées des arbres doivent être longues et bien lubri-
fiées ; les parties frottantes sont très bien ajustées et repas-
sées au grattoir au rouge.

Certaines machines ont un changement de marche ou de
vitesse instantané (fig. 91, 92 93 et 94) permettant en outre,
considération d'importance, de fileter aux pas rapides tout en
retombant toujours *dans le pas* ; ainsi qu'on en jugera plus

loin, on supprime alors tous les tâtonnements ou tous les calculs inhérents à quelques opérations préliminaires du filetage (fig. 95).

Il est entendu qu'en raison de la diversité des organes

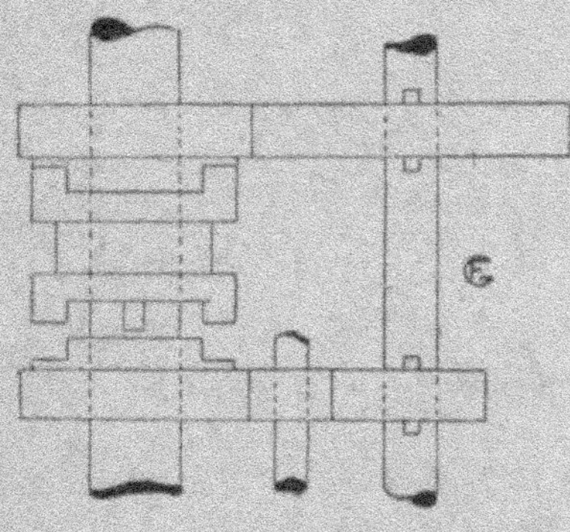

Fig. 95.

d'un tour parallèle à charioter et à fileter et des manœuvres qui doivent être exécutées sans possibilité d'erreur, les leviers, poignées, boutons, manettes et autres seront bien à main du tourneur et disposés pour gêner le moins possible les mouvements généraux du chariot.

CHAPITRE IX

PERÇAGE SUR LE TOUR

On obtient, sur le tour, des trous forés qui présentent beaucoup plus de précision que ceux qui sont exécutés avec la machine à percer; on se sert à cet effet du plateau d'un tour à pointes, où l'on centre exactement la pièce que l'on désire forer selon son axe précis, tout en réservant un intervalle entre le plateau et la pièce.

Dans ces conditions, le trou ne saurait être situé lui-même que parfaitement au centre.

Si l'objet était un peu long et que l'on craigne sa flexion, on adjoindrait, bien entendu, une lunette fixe convenablement installée pour le soutenir; dans le cas d'un trou borgne, on peut monter la pièce en pointes en se conformant aux indications relatées plus loin.

Le foret, américain ou autre, est pris entre la pièce et la contre-pointe; par la manœuvre du volant de la poupée mobile, on fait avancer l'outil axialement et, pour l'empêcher de tourner puisque c'est la broche même du tour qui provoque directement la rotation de l'objet, on serre la queue de la mèche dans un toc ou dans une clé spéciale (fig. 96) qui s'appuie, d'autre part, soit sur le banc, soit sur le chariot.

Préalablement au perçage, on a commencé, au crochet ou d'autre manière, une ouverture d'un diamètre égal à celui du foret; ordinairement, une fois l'outil engagé dans le trou, on n'a plus à craindre sa déviation; néanmoins, pour plus de précaution et lors de certains ouvrages, on

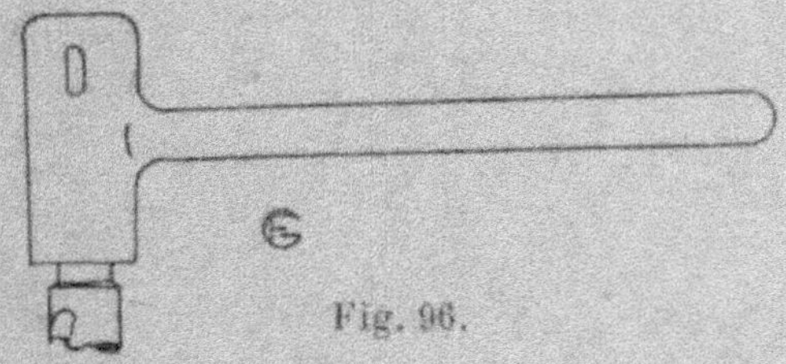

Fig. 96.

peut guider la mèche dans une seconde lunette bien centrée elle aussi.

On doit mouiller à flot, à mesure que l'on perce, soit avec de l'huile, soit avec de l'eau de savon que l'on injecte dans le trou, tantôt avec une seringue, tantôt à l'aide d'une pompe ou d'un dispositif particulier que comportent quelques tours perfectionnés; il faut de plus avoir soin de ramener la mèche en arrière de temps à autre, afin de la dégager des copeaux et de constater, à cette occasion, si elle ne s'échauffe pas d'une façon anormale.

Malgré les précautions prises, on n'est pas toujours

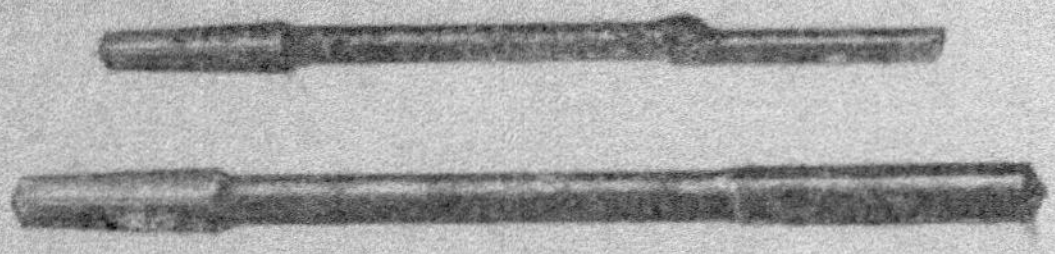

Fig. 97 et 98.

assuré d'obtenir par ce procédé un trou absolument cylindrique dont l'axe se confonde avec celui de la pièce; on est parfois dans l'obligation de faire un second perçage de rectification avec une *mèche à cuiller* ou *à canon* (fig. 97 et 98);

c'est un outil dont la partie utile est demi-cylindrique et qui est affuté à l'extrémité seulement; les arêtes longitudinales ne servent, par conséquent, qu'à guider le tranchant.

Au lieu de ce montage, une autre méthode pour forer un trou préalablement centré consiste à serrer la queue de la mèche dans un mandrin fixé et centré sur la broche; c'est donc en ce cas le foret qui est animé d'un mouvement de rotation; la pièce à travailler est portée par le chariot, qu'on rend libre en le dégageant des autres mouvements mécaniques, et on fait avancer tout cet ensemble par la manœuvre du volant de la contre-pointe, assujettie à demeure sur le banc.

Les **mèches américaines**, d'un emploi presque exclusif

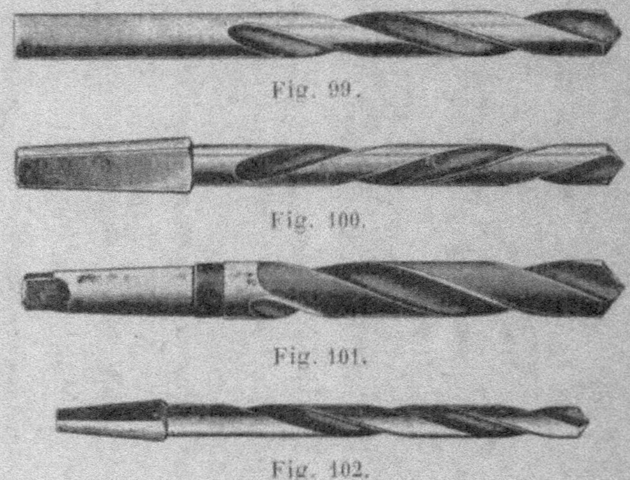

Fig. 99.

Fig. 100.

Fig. 101.

Fig. 102.

à l'heure actuelle, sont fournies pour tourner à droite ou à gauche; elles peuvent avoir une queue cylindrique (fig. 99), une queue à section carrée (fig. 100), une queue conique (fig. 101) ou une tête carrée (fig. 102.)

Les dimensions de la queue conique sont conformes soit au **cône Morse « M »**, soit au **cône américain « A »**;

comme la connaissance de ces dimensions est des plus
intéressantes pour la confection des mandrins ou des
douilles, nous en résumons les proportions dans les tableaux

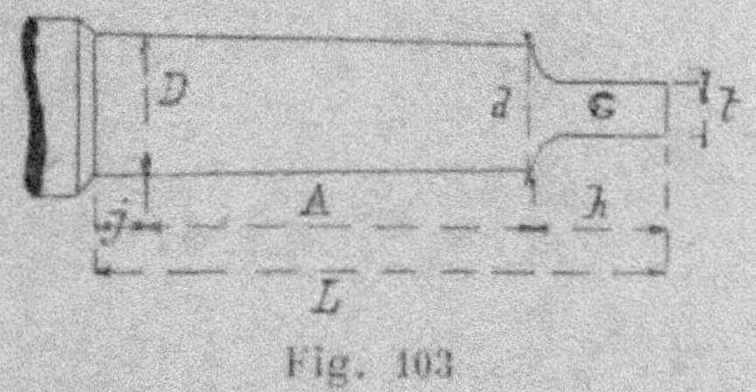

Fig. 103

ci-après (fig. 103) ; de ce qu'elles sont tirées de mesures en
pouces, elles ne concordent qu'approximativement avec nos
unités métriques.

Les forets hélicoïdaux, pour produire tout leur effet, exigent un affutage méticuleux et qu'il faut répéter par conséquent assez souvent ; on sait qu'ils ne travaillent que par
les *lèvres* de l'extrémité, lèvres
formées par la rencontre du
cône supérieur et de la surface
hélicoïdale ; c'est donc, en définitive, des soins apportés à la
confection de la pointe que dépend la qualité de la mèche.

On doit en un mot les affuter
à l'eau et la mèche bien centrée
afin que les deux tranchants
soient rigoureusement égaux ;
il faut au surplus que ces tranchants fassent un angle de 118
degrés avec la génératrice extérieure.

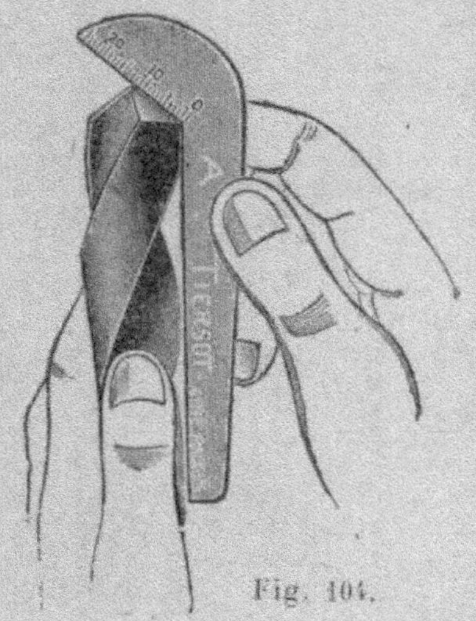

Fig. 104.

Ces conditions se vérifient avec une jauge spéciale
(fig. 104) ; mais il est extrèmement long et difficile de les
réaliser à la main, et il est, de toutes façons, préférable de

se servir de machines à affûter les mèches qui fonctionnent, d'ailleurs, tantôt à la main, tantôt au moteur.

Fig. 105.

À l'aide de certains de ces appareils tantôt à la main

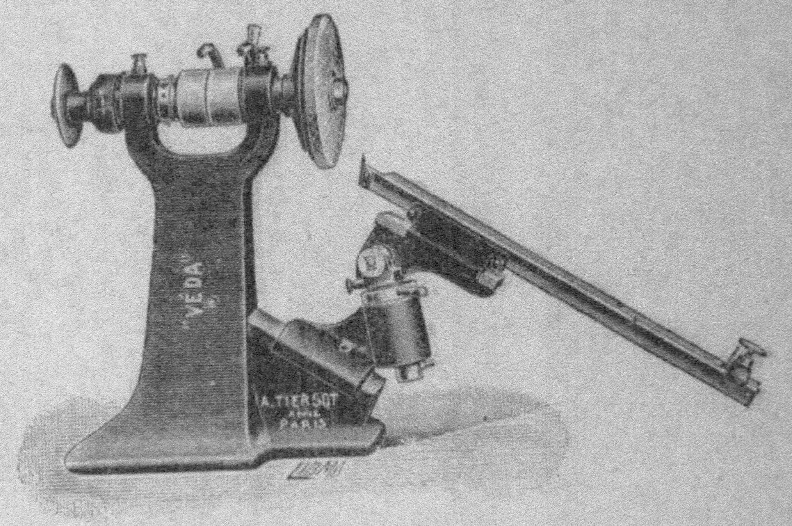

Fig. 106.

(fig. 105), tantôt avec poulie folle et poulie fixe (fig. 106),

Cône Morse "M". — Dimensions en millimètres.

Numéros	DIAMÈTRE DES MÈCHES	D	d	l	h	A	j	L
1	3 à 15	12,06	9,51	5	12	49	5	66
2	15,25 à 23	17,75	14,95	6,35	16 5	56	6	78,5
3	23,25 à 32	23,77	20,42	8	22	67	6	95
4	32,50 à 50	31,27	26,92	11,5	27,5	87	6	120,5
5	51 à 80	44,4	36,73	16	33	113	6	152
6	81 à 100	63,35	52,76	19	45	158	8	211

Cône américain "A". — Dimensions en millimètres.

Numéros	DIAMÈTRE DES MÈCHES	D	d	l	h	A	j	L
1	3 à 11,75	10,1	7,75	5	12	47	3	62
2	12 à 15,25	13,5	10,8	5,5	15	54	4	73
3	15,50 à 21,25	18,1	15,04	7,5	17	68	4	89
4	21,50 à 32	22,9	19,55	9,2	22	67	4	93
5	32,50 à 50	31,27	26,92	11,5	27,5	87	6	120,5
6	51 à 80	44,4	36,73	16	33	113	6	152

la meule à droite rectifie le cône et une meule plus petite, placée à gauche, amincit l'âme des mèches et les façonne en pointe, pour en faciliter l'attaque lors du perçage.

L'affûteuse *Véda*, par exemple, consiste en un corps en

Fig. 107.

fonte dont la base peut être fixée sur un bac ou un récipient, lorsqu'on ne meule pas à sec (fig. 107); disons de suite ici, pour n'avoir point à y revenir, que, dans le cas où l'eau est employée, la meule principale est munie d'un entourage contre les projections, avec tube d'évacuation en dessous; il n'y a qu'une ouverture suffisante pour approcher l'outil contre la meule.

Le mouvement est donné, par poulie folle, poulie fixe et fourche de débrayage, à l'arbre porte-meules, en acier rectifié qui tourne dans des coussinets également rectifiés, avec rattrapage de jeu et trous graisseurs; vers le bas, le corps de la machine forme support pour l'ensemble du chariot porte-mèche.

Une série de coulisses et de pivots, comportant des vis et des butées de réglage, permettent de fixer l'outil en position; on commence par écarter de son arrêt (fig. 108) la gouttière en V supérieure d'une distance égale au diamètre

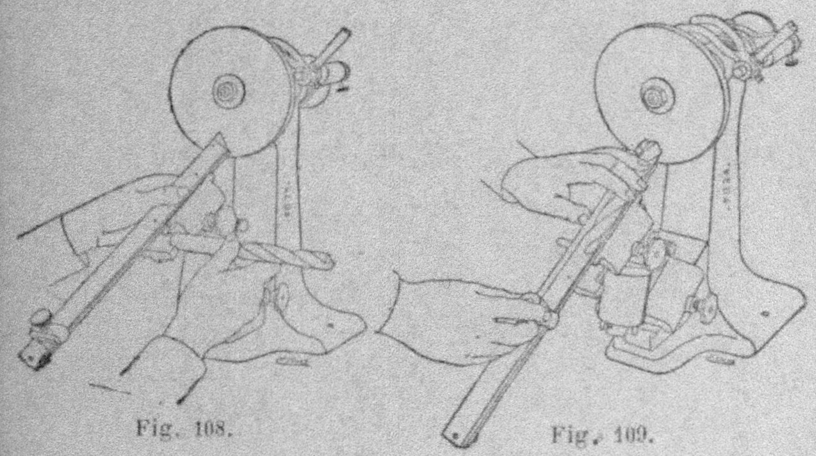

Fig. 108.　　　　　Fig. 109.

exact du foret, et on assujettit la gouttière en serrant le bouton **I**; on présente, à ce moment, l'outil dans la cannelure et on en fait dépasser le bec (fig. 109) d'environ un quart de diamètre; on l'arrête en place par le bouton **II** de la coulisse.

On appuie alors tout l'ensemble du système mobile contre la meule, par le déplacement du chariot inférieur, et on en fixe invariablement la position par le bouton **III** (fig. 110).

Les choses ainsi préparées, on procède à l'affûtage, qui consiste à imprimer à l'outil un mouvement alternatif d'allée et de venue avec la main droite, actionnant la gout-

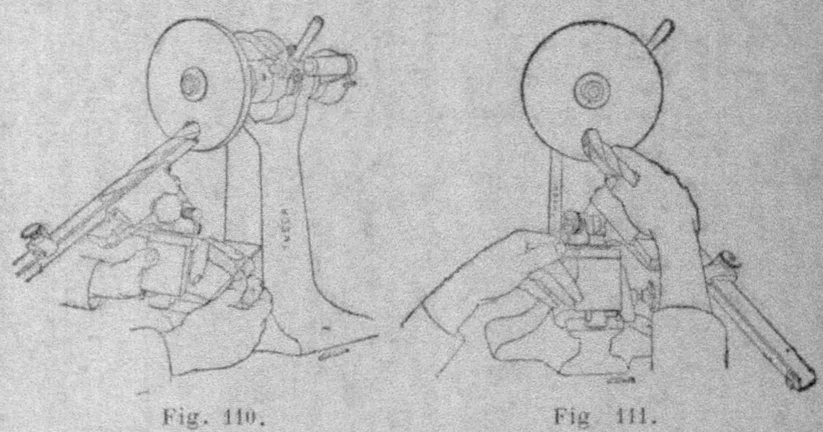

Fig. 110.   Fig. 111.

tière (fig. 111); des butées à droite et à gauche limitent l'amplitude de la rotation; de la main gauche on pousse,

Fig. 112.

simultanément, la petite manette **IV** vers le corps de l'appareil et, par suite, on appuie le foret contre la meule.

Quant à la variation de la dépouille, on y parvient (fig. 112) en desserrant, de la main gauche, le bouton

Vitesses des mèches ordinaires.

DIAMÈTRE (en millimètres.)	TOURS PAR MINUTE		
	FER ACIER DOUX	FONTE	LAITON
1	2.500	3.500	5.000
2	1.400	1.900	2.500
3	950	1.200	1.900
4	700	950	1.400
5	550	700	1.100
6	470	630	950
7	410	550	820
8	360	480	720
9	320	430	640
10	285	380	570
11	260	345	520
12	235	317	475
13	220	290	445
14	200	272	410
15	190	255	380
16	175	238	355
17	165	225	335
18	155	212	318
19	150	200	300
20	140	191	285
22	130	173	260
24	115	158	238
26	110	147	220
28	100	136	205
30	95	127	195
32	90	118	180
34	84	112	168
36	80	108	159
38	75	100	150
40	72	95	143
42	68	91	136
45	63	85	127
50	57	76	114

d'arrêt **V**, puis en vissant ou dévissant, de la main droite, le bouton gravé **VI** selon la dépouille qu'on désire ; bien entendu, on resserre enfin le bouton d'arrêt **V**.

En plus de tous les soins apportés à l'affûtage, il convient que le nombre de tours par minute des forets américains reste normal ; les tableaux ci-joints fournissent des renseignements pour des forets ordinaires ainsi que pour des forets à grande vitesse.

Mèches à grande vitesse.

D en millimètres	NOMBRE DE TOURS PAR MINUTE		D en millimètres	NOMBRE DE TOURS PAR MINUTE	
	Fer, Fonte ou Acier.	Laiton.		Fer, Fonte ou Acier.	Laiton.
6	1.100	2.300	20	350	700
7	1 000	2.000	22	315	630
8	875	1.750	24	290	580
9	775	1.550	26	270	540
10	700	1.400	28	250	500
11	635	1.270	30	233	466
12	580	1 160	32	220	440
13	540	1 080	34	205	410
14	500	1.000	36	191	388
15	465	930	38	187	374
16	435	870	40	175	350
17	410	820	45	155	310
18	390	780	50	140	280
19	370	740			

Enfin la mèche doit avoir, *par tour*, les avances suivantes ; quand on perce le bronze ordinaire et le laiton, les avances sont à peu près doubles.

Avances par tour.

$$D = 1 \text{ à } 5 \text{ mm., Avance} - 0 \text{ mm. } 15$$
$$- \quad 5 \text{ à } 10 \quad - \quad - \quad - \quad 30$$
$$- \quad 10 \text{ à } 20 \quad - \quad - \quad - \quad 40$$
$$- \quad 20 \text{ à } 40 \quad - \quad - \quad - \quad 45$$
$$- \quad 40 \text{ à } 50 \quad - \quad - \quad - \quad 50$$

Les douilles, les manchons, les mandrins, etc., dont on se sert plus spécialement avec les mèches, sont décrits en même temps que les *Accessoires du Tour*.

CHAPITRE X

ALÉSAGE SUR LE TOUR

La *barre d'alésage* est un porte-outil qui, au lieu de travailler en porte-à-faux, est soutenu au moins par ses deux extrémités sur les pointes du tour ou dans la broche.

Nous entendons par alésage à la barre, l'usinage intérieur de pièces au diamètre minimum de 70 millimètres; au-dessous de cette dimension, l'opération s'exécute avec des outils qu'on trouve dans le commerce; quant à la dimension maximum, elle dépend d'autres éléments et, souvent en particulier, de la hauteur de pointes du tour qui ne permet d'y monter que certaines pièces.

Le porte-lames (fig. 143) est en acier dur, d'un diamètre

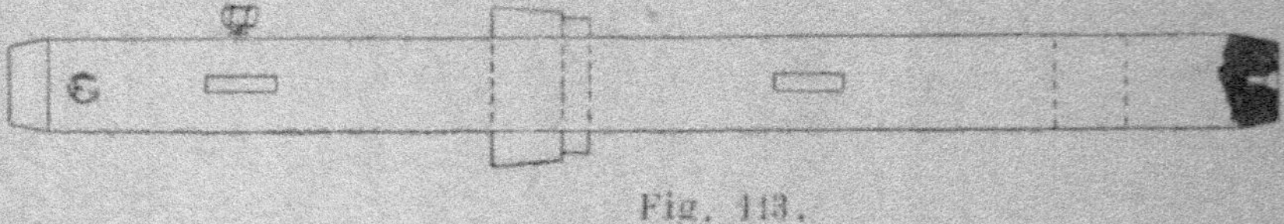

Fig. 143.

aussi fort que possible afin d'offrir une résistance convenable; les lames s'y fixent dans des trous rectangulaires ou carrés au moyen d'une vis de pression; les abouts de la barre sont trempés après préparation du trou de centre.

Les lames, dont le tranchant est façonné conformément
aux principes établis ci-dessus, peuvent être à un ou deux
tranchants; l'un d'eux a pour mission de dégrossir seulement et, par suite, il décrit une circonférence de moindre

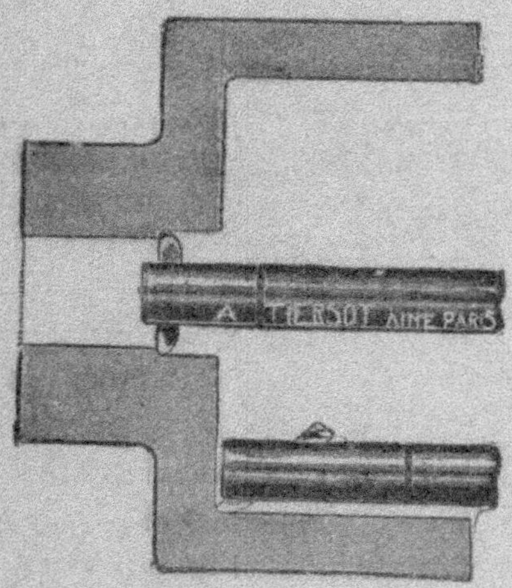

Fig. 114.

diamètre que l'autre (fig. 114), qui est plus engagé et travaille ainsi en seconde passe; leurs actions sont, en somme,
équilibrées.

On monte, par ailleurs, l'objet à aléser d'une façon appropriée sur le chariot du tour, si du moins il est disposé
pour cette application, mais de telle sorte que les axes
coïncident exactement; il est donc alors possible de produire l'avancement par le chariot rendu complètement
libre et, comme la barre d'alésage ne peut que tourner
entre pointes, soit au moyen d'un toc, soit au moyen d'un
mandrin (1), il s'ensuit que le cylindre pourra être dégrossi,
puis terminé par une passe de planage (fig. 115 et 116).

Il demeure entendu que la longueur du porte-lames est

(1) Le porte-lames est parfois vissé à même le nez de la broche.

au moins double de la profondeur à aléser et que l'on doit pouvoir suivre le travail de l'extérieur; on se sert généralement pour cela d'une glace où l'on imagine tout autre tour-de-main.

On profite, si nécessaire, du montage de l'alésage pour

Fig. 115 et 116.

tourner les extrémités ou les portées concentriques au cylindre.

Pour les petits alésages, de 10 millimètres à 70 millimètres, il existe soit des alésoirs, soit des forets spéciaux, ceux-ci étant bien préférables; ils sont connus sous le nom

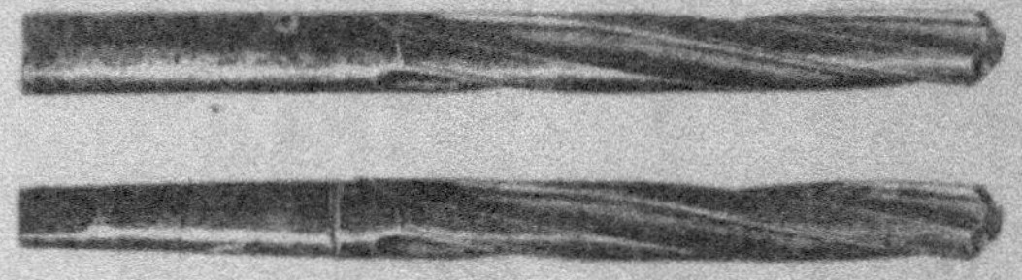

Fig. 117 et 118.

de *forets à trois lèvres* (fig. 117 et 118), et, comme les mèches américaines, sont hélicoïdaux, à queue conique ou cylindrique; on les emploie pour des trous existants, bruts de fonderie ou percés sans précision.

Grâce à la forme de leur section à trois rainures, ils n'ont pas tendance à se déjeter comme il arrive quelquefois avec les mèches ou les alésoirs qui n'ont que deux lèvres; ils n'ont pas de pointe et, par conséquent, il faut les guider au début de l'opération dans des bagues trempées.

CHAPITRE XI

FILETAGE

Le FILETAGE sur le tour a pour but d'obtenir une rainure héliçoïdale sur la surface de la matière, que ce soit à l'extérieur ou à l'intérieur; l'expression de taraudage ne s'emploie donc plus dans les travaux du tour.

Les filets peuvent être façonnés : sur un cylindre, sur un cône ou sur un plan; en ce dernier cas on dit qu'ils sont en

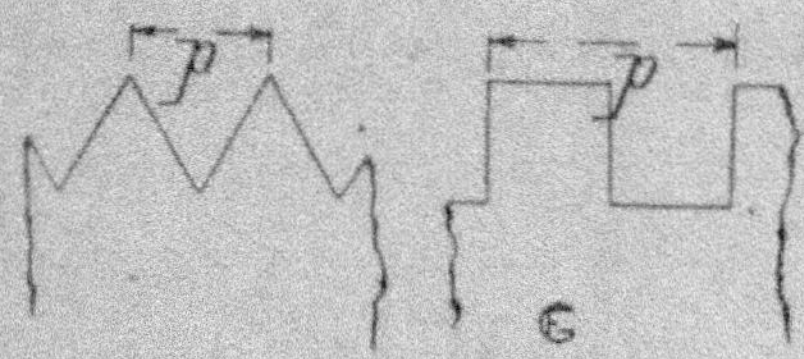

Fig. 119 et 120.

spirale; la section du filet est triangulaire (fig. 119), carrée (fig. 120), trapézoïdale ou demi-ronde et, selon sa forme, donne son nom au filet; l'outil est quelquefois à repos ou à butée. Les filets trapézoïdaux et demi-ronds sont moins courants; on donne cependant quelquefois de l'entrée aux filets des vis-mères pour que l'écrou morde mieux.

Les vis à filets triangulaires ont un profil dont les proportions sont régies selon divers *systèmes*; les tableaux ci-après en montrent les particularités ou les divergences.

Filetage à la main. — On peut effectuer le *filetage à la main* avec des outils (fig. 121 et 122) appelés *peignes* (eu égard à leur aspect) que l'on adapte le plus généralement à un manche en bois; on monte la pièce sur les pointes du tour ou en l'air et, à chaque révolution, on fait avancer le

Fig. 121 et 122.

peigne d'une quantité égale au pas; on revient au point de départ et on recommence en enfonçant plus profondément.

Cet outil sert particulièrement dans le travail du bronze, du laiton ou des métaux tendres, par exemple pour la robinetterie, l'astronomie, la physique, etc., il requiert toutefois une assez grande habileté; disons ici que, lors du filetage mécanique, on rectifie parfois les filets au moyen de peignes, pour obtenir plus de précision.

Filetage mécanique. — *Le filetage mécanique* s'opère généralement sur le tour parallèle, où on remplace le burin du chariot, mené par la vis-mère, par une sorte de grain d'orge terminé au profil du *creux* que l'on veut tracer; on constate aisément de suite que, par ce procédé, l'outil avance d'une quantité rigoureusement égale ou proportionnelle au pas de la vis-mère pour un tour de la broche; on dira plus loin la meilleure manière de fabriquer ces outils.

On se sert, comme on sait, d'une série d'engrenages pour communiquer le mouvement de la broche à la vis-mère; ils sont agencés sur la *tête de cheval* (fig. 123 et 124) ou tenus

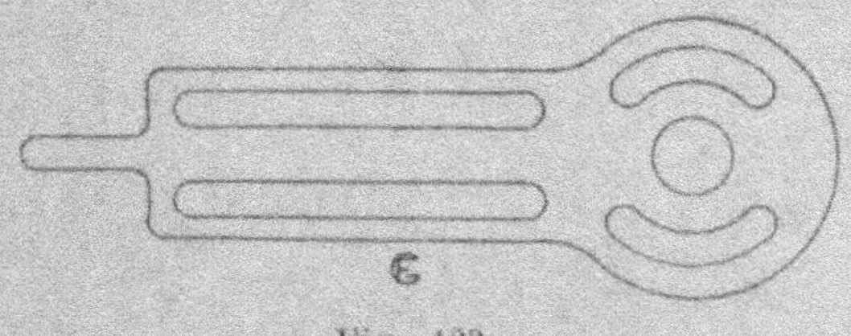

Fig. 123.

par tout autre moyen qui a, néanmoins, conservé cette dénomination classique.

Par conséquent, pendant la rotation de la vis-mère

Fig. 124.

engagée dans l'écrou de la cuirasse, l'outil se déplacera tout le long de l'objet à usiner et, réciproquement, pour un tour de cet objet, il en résultera un **pas** qui sera fonction de celui de la vis-mère.

Il y a donc à considérer, avant tout, les rapports susceptibles d'être produits par les combinaisons des roues dentées de la série, ainsi que le pas de la vis à produire, quand on veut tracer sur la pièce une hélice au moyen de la vis-mère.

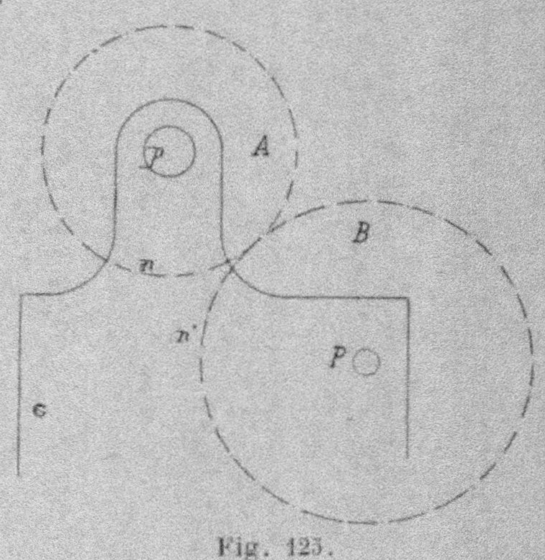

Fig. 125.

Appelons (fig. 125), dans un schéma simplifié :

A = Engrenage de la broche ;
B =   —   vis-mère ;
n = Nombre de dents de A ;
n' =   —   —   de B ;
p = Pas à obtenir ;
P = Pas de la vis-mère.

Au simple examen des figures comparatives ci-contre (fig. 126, 127 et 128), on voit immédiatement sans commentaires que, pour un même nombre de dents ou

$$\text{si } n = n' \dots \dots \dots \dots \dots \quad p = P ;$$

tandis que

$$\text{si } n < n' \dots \dots \dots \dots \dots \quad p < P ;$$
$$\text{si } n > n' \dots \dots \dots \dots \dots \quad p > P.$$

On écrira donc que *les pas sont dans le même rapport que les nombres de dents*, c'est-à-dire

$$\frac{p}{P} = \frac{n}{n'};$$

c'est la formule générale, permettant de choisir convena-

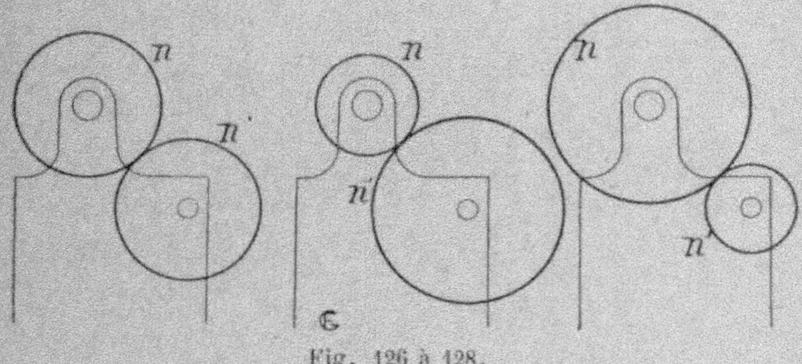
Fig. 126 à 128.

blement les roues dans la série d'engrenages livrée avec le tour ; il en résulte également

$$p = P\,\frac{n}{n'}$$

D'autre façon, on arrive à un résultat analogue :

Quand A décrit une révolution (fig. 125), B fait une portion de tour, représentée par le rapport des nombres de dents

$$\frac{n}{n'}$$

c'est-à-dire que pendant 1 tour de A correspondant à une fraction seulement du pas P de la vis-mère, le chariot s'est déplacé de la quantité

$$\frac{n}{n'}\times P;$$

l'outil, qui fait corps avec le chariot, s'est donc déplacé d'une quantité p qui est la même, et par suite

$$p = \frac{n}{n'}\,\mathrm{P}$$

Filetage à deux roues. — C'est uniquement pour les besoins de la cause que les raisonnements se sont appuyés sur les croquis ci-dessus, où ne figurent que deux roues, car en pratique cette disposition est exceptionnelle; la

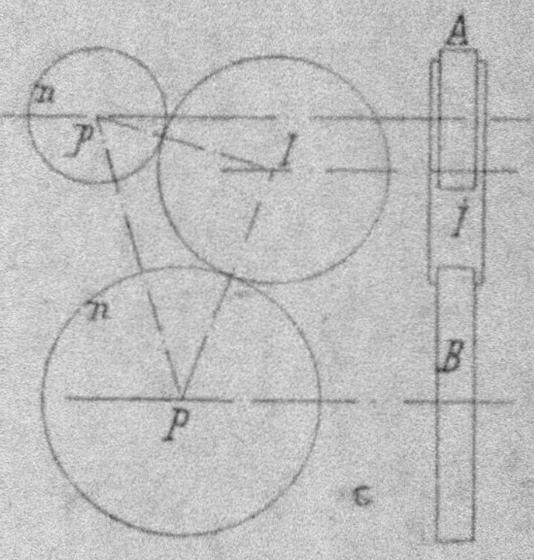

Fig. 129 et 130.

commande à deux roues (fig. 129 et 130) nécessite d'intercaler un engrenage **I** qui ne modifie nullement le rapport

$$\frac{n}{n'}$$

Comme, en principe, n ne représente qu'un rapport d'engrenages, on conçoit aisément que 4, 6 ou 8 roues sont susceptibles de favoriser la solution exacte pour un pas p à faire dériver d'un pas **P**.

Les roues sont donc montées sur la *tête de cheval* ou lyre (fig. 123 ou 124), quatre par exemple engrenant deux à deux; dès lors

$$p = \frac{n}{n'} \times \frac{n''}{n'''} \times \mathrm{P};$$

on se donne les nombres de dents de trois roues, et le nombre de dents de la quatrième s'en trouve déduit, mais on n'opère généralement pas d'une manière aussi simple.

Or n, n'' sont les *roues menantes*, tandis que n' et n''' sont les *roues conduites*; donc la formule générale à 2, 4, 6, 8 roues sera

$$\frac{p}{P} = \frac{\text{produit du nombre de dents des } \textit{roues menantes} ;}{\underline{\qquad} \quad \underline{\qquad} \quad \underline{\qquad} \quad \textit{roues conduites.}}$$

Série. — Par conséquent, dans l'outillage accessoire d'un tour parallèle à charioter et à fileter, il est indispensable d'avoir une série de roues de rechange pour obtenir un grand nombre de pas; il faut préférer les séries allant de 5 en 5 dents jusqu'à 100 et mieux 120; de la sorte on y trouve tous les *multiples* des nombres premiers jusqu'à 20; la nécessité de cette condition sera expliquée dans la suite; il est même utile en certains cas de recourir aux sept nombres premiers rencontrés entre 20 et 50 et, enfin, à une roue de 63 dents, dont il est à peu près impossible de se passer lorsqu'il s'agit de *pas anglais* ou américains à exécuter avec quelque précision.

Les roues du train de commande, plus ou moins nombreuses selon l'importance et la *destination* du tour, auront donc en définitive un nombre de dents de :

10 — 15 — 17 — 19 — 20 — 21 — 22 — 23 — 24 — 25
29 — 30 — 31 — 35 — 37 — 40 — 45 — 50 — 55 — 60
63 — 65 — 70 — 75 — 80 — 85 — 90 — 95 — 100
110 — 120.

Il est à peine besoin de rappeler que, pour un travail soigné et exact, les dents de la série doivent être *taillées*.

Vis-mère. — D'autre part, la vis-mère est faite soit aux *pas métriques*

5 — 6 — 8 — 10 — 12 et 14 millimètres,

soit aux *pas anglais* de

$$\frac{\frac{1}{4} \text{ de pouce}}{6^{mm},3499} \qquad \frac{\frac{3}{8} \text{ de pouce}}{9^{mm},5284} \qquad \frac{\frac{1}{2} \text{ pouce}}{12^{mm},6998} \; ;$$

les *pas bâtards* se rencontrent de moins en moins, et l'on peut se réjouir de leur extinction successive; par un raisonnement quelque peu biscornu, certains constructeurs adoptaient jadis des chiffres tourmentés ou indivisibles : 5,82 par exemple au lieu de 6; 97 pour 100, etc., dans l'espoir (!) d'astreindre leur clientèle à leur confier les réparations et les remplacements.

Pour mesurer, aussi exactement que possible, le pas d'une vis quelconque, on relève la distance séparant plusieurs filets; cette longueur doit s'évaluer parallèlement à l'axe, surtout si l'hélice est rapide, et au moyen soit d'un pied-à-coulisse avec vernier, soit d'une règle graduée; la mesure obtenue étant divisée par le nombre de filets donne évidemment le pas.

En pratique, on mesure le pas sur 10 filets, parfois 20; si 10 filets donnent une longueur totale de 30 millimètres, supposons, le pas en sera sans conteste le dixième : 3 millimètres; avec 20 filets produisant 160 millimètres, le pas sera

$$\frac{160^{mm}}{20} = 8^{mm} \; ;$$

on voit donc que pour un surcroît de précision, selon la longueur plus ou moins grande de la vis, il est préférable de faire le décompte d'un grand nombre de filets et, parallèlement au besoin, de corriger après coup le quotient si l'on a des motifs de soupçonner que le pas est métrique, anglais ou, quelquefois, *du gaz.*

Au surplus, sur le tour lui-même, il est possible de vérifier si les engrenages de la tête de cheval rendent bien le pas demandé. On fait faire exactement 10 tours à la broche, en repérant avant le début le plateau ainsi que la position du chariot sur le banc; après ces 10 tours, la distance entre le trait de départ sur le banc et la position homologue d'arrivée du chariot correspond à 10 fois le pas donné par les engrenages.

Combinaisons des roues menantes et des roues conduites. — Pour faciliter les calculs, on est convenu d'estimer les pas soit en dixièmes, soit en centièmes de millimètre; cela dépend des circonstances puisque l'on ne cherche, en résumé, qu'à simplifier pour diminuer les chances d'erreur; mais il est indispensable, bien entendu, d'indiquer la clé de l'abréviation, car un pas de 2 millimètres 5 pourrait aussi bien être figuré par 25 que par 250.

Ceci noté supposons, dans un cas très simple, que nous montions sur l'axe de la vis-mère une roue dont le nombre de dents soit égal au nombre de *dixièmes* de millimètre du pas de ladite vis-mère; dans ces conditions, pour faire sur l'arbre de la broche une hélice d'un pas exprimé en un nombre rond de *dixièmes* de millimètre, il suffira de choisir un engrenage dont le nombre de dents soit le même que ce nombre rond, puisque chacune de ses dents correspond à $\frac{1}{10^e}$ de millimètre.

Effectuons, en effet, un montage pour une vis-mère au pas de 8 millimètres; on désire fileter une hélice au pas de 2 millimètres. Rappelant aussitôt la formule

$$\frac{p}{P} = \frac{n}{n'}$$

on remplace les pas donnés par leur valeur conventionnelle

$$\frac{200}{800} = \frac{n}{n'}$$

de sorte qu'il ne reste plus, après avoir porté son choix

sur une grande roue conduite, de 80 dents par exemple, soit

$$\frac{200}{800} = \frac{n}{80},$$

à en déduire

$$n = \frac{200 \times 80}{800} = 20$$

Ce serait la même chose pour une vis-mère de 10 millimètres et un pas à produire de 2 millimètres 5 :

$$\frac{p}{P} = \frac{25}{100} = \frac{n}{100}$$

en convenant que l'unité est le dixième de millimètre ; d'où

$$n = 25 ;$$

or, comme on a toujours dans la série une roue qui est *dix fois plus grande* (1) que le pas de la vis-mère, on voit immédiatement qu'on peut reproduire tous les pas correspondant au nombre de dents des *autres roues* de la série ; ces dernières seront des roues menantes.

Quelques tourneurs, les vétérans surtout (plus particulièrement soigneux), ont l'excellente habitude de *faire la preuve*, c'est-à-dire de vérifier par un petit calcul sans prétention si les engrenages choisis, pour un motif ou un autre, donnent bien le pas prescrit ; dans l'expression

$$\frac{n \times P}{n'}$$

appliquée à l'exemple ci-avant où

$$n = 25 \qquad n' = 100 \qquad P = 10^{mm},$$

on doit donc retrouver $p = 2$ millimètres 5 ; et en effet :

$$\frac{25 \times 10}{100} = 2,5.$$

(1) Terme abréviatif d'atelier.

Lors du filetage, on fixe la roue **A** (25 dents) sur l'axe de la broche et la roue **B** (100 dents) sur la vis-mère; l'intermédiaire est montée *folle* sur un axe calé sur la tête de cheval (fig. 125 et 126).

Nous verrons par la suite, pour ne pas entremêler tous les problèmes, quelles conditions sont à préférer dans le choix de ce dernier engrenage *mort* (page 107); pour le moment il ne s'agit que d'examiner et peser la possibilité d'installer les roues aux centres p, **I** et **P**.

Ces axes forment un triangle (fig. 127 et 128) dont la base p **P** est égale à l'écartement entre la broche et la vis-mère (1); on doit donc avoir p **P** plus petit ou, à la limite, au moins égal à

$$p\,\mathrm{I} + \mathrm{P\,I},$$

ce qui s'écrit :

$$p\,\mathrm{P} < p\,\mathrm{I} + \mathrm{P\,I}.$$

En n'employant que 2 roues (l'intermédiaire n'entrant jamais en ligne de compte), on peut obtenir beaucoup de pas exacts à condition que :

1° multipliés par 10 ou 100, ils forment un nombre entier qui ait un *diviseur commun* avec le pas de la vis-mère, également amené au même module ou unité conventionnelle, ce que l'on nomme en primaire des équimultiples;

2° nous possédions, dans la série, des engrenages multiples (abréviatif) de ces deux nombres, ceux-ci réduits à leur plus simple expression.

Admettons, car pour initier le lecteur à ces éléments

(1) Remarquons bien que ceci est théorique et que cet écartement n'est pas, fort souvent, la distance réelle des axes; car, dans les tours modernes, le centre p est plus bas que l'axe de la broche; mais toujours, en dépit des détails de construction, la transmission de la broche au centre p comprend deux roues absolument égales calées sur chacun de ces axes; par conséquent, bref, que p se confonde ou non avec l'axe vrai du tour, il n'en fait pas moins absolument le même nombre de révolutions *ne varietur*.

très importants il n'est pas de recoin où il ne faille revenir par un luxe de précautions, admettons une vis-mère de 8 millimètres et un filet de 3 millimètres, 6, c'est-à-dire 80 et 36 qui sont tous deux divisibles par 4, soit :

$$\frac{80}{4} = 20 \qquad \frac{36}{4} = 9 ;$$

le rapport de ces deux nombres est en fait réduit à sa plus simple expression, au *noyau* peut-on dire, et en multipliant chacun par un même nombre différent de 4, ce rapport ne change en quoi que ce soit malgré les zéros dont il sera fiorituré.

Par tâtonnements donc on verra si l'on a, dans la série, des roues dont les nombres de dents s'adaptent à ces derniers produits :

$$\text{I} \begin{cases} 20 \times 2 = 40 \\ 6 \times 2 = 18 \end{cases} \qquad \text{II} \begin{cases} 20 \times 3 = 60 \\ 9 \times 3 = 27 \end{cases}$$

$$\text{III} \begin{cases} 20 \times 5 = 100 \\ 9 \times 5 = 45 \end{cases} \qquad \text{IV} \begin{cases} 20 \times 6 = 120 \\ 9 \times 3 = 54 \end{cases}$$

Le pas de 3 millimètres, 6 ne pourra donc être obtenu qu'avec

$$A = 45 \qquad B = 100$$

les combinaisons I, II, IV ne pouvant se faire avec des roues figurant dans la série type.

De même avec une vis-mère de 12 millimètres et pour faire un pas de 9 millimètres, 6, soit 96 et 120.

$$\frac{96}{24} = 4$$

$$\frac{120}{24} = 5$$

$$4 \times 3 = 12 \qquad 4 \times 4 = 16 \qquad 4 \times 5 = 20$$
$$5 \times 3 = 15 \qquad 5 \times 4 = 20 \qquad 5 \times 5 = 25$$

$$4 \times 6 = 24 \qquad 4 \times 7 = 28$$
$$5 \times 6 = 30 \qquad 5 \times 7 = 35$$
$$4 \times 8 = 32 \qquad 4 \times 9 = 36$$
$$5 \times 8 = 40 \qquad 5 \times 9 = 45$$
$$4 \times 10 = 40 \qquad 4 \times 11 = 44 \qquad 4 \times 12 = 48$$
$$5 \times 10 = 50 \qquad 5 \times 11 = 56 \qquad 5 \times 12 = 60$$
$$4 \times 15 = 60 \qquad 4 \times 20 = 80$$
$$5 \times 15 = 75 \qquad 5 \times 20 = 100, \text{ etc., etc.}$$

En résumé, dans un filetage à 2 roues, les pas obtenus par les engrenages autres que celui égal (1) à la vis-mère sont :

Vis-mère de 5 : Pas divisibles par 2 — 5 ;

—	6 :	—	2 — 3 — 4 — 5 — 12 ;
—	8 :	—	2 — 4 — 5 — 8 — 16 ;
—	10 :	—	2 — 4 — 5 ;
—	12 :	—	2 — 3 — 4 — 5 — 6
			8 — 12 — 15 — 24 ;
—	14 :	—	2 — 5 — 7 — 14 — 28 ;

Il est préférable d'employer 4 roues pour le filetage des pas moyennement rapides, car on arrive au même résultat et, de plus, on reporte l'effort d'entraînement du chariot sur un plus grand nombre d'axes et d'engrenages.

Filetage à 4 roues. — Dans le filetage à 4 roues (fig. 131 et 132), on a deux engrenages commandant et deux engrenages commandés ; **A** et **C** sont les roues menantes, **B** et **D** les roues conduites ; on peut d'ailleurs intervertir l'ordre dans lequel ils sont placés sur le croquis et remplacer **A** par **C** ou **B** par **D** ; le pas obtenu sera le même, car toujours

$$\frac{p}{P} = \frac{n}{n'} \times \frac{n''}{n'''} = \frac{n''}{n'} \times \frac{n}{n'''} = \text{etc., etc.}$$

ce qui explique comment se fait la *preuve* à 4 roues, c'est-à-dire le contre-pied.

(1) Façon adoptée de s'exprimer, répétons-le.

De même que précédemment, certains pas ne nécessitent

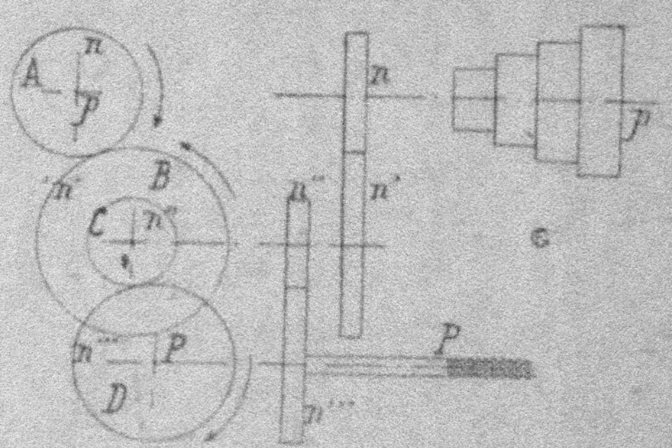

Fig. 131 et 132.

aucun calcul (un peu de raisonnement attentif seulement), si le produit de deux engrenages conduits correspond au pas de la vis-mère; ce sont :

Vis-mère de   5 : les engrenages de 50 et 100 dents.
  —   6 :   —   60 et 100 —
  —   8 :   —   80 et 100 —
  —   10 :   —   100 et 100 (1)
  —   12 :   —   120 et 100 —
  —   14 :   —   140 et 100 —

POSITION DES ROUES	NOMBRE DE PAS REPRODUITS PAR 1 POUCE ANGLAIS AVEC UNE VIS MÈRE DE 1/4 DE POUCE						ROUES DE RECHANGE			
							A	B	C	D
A	1½	1½	1¾	1½	1¼	1	65	52	96	30
B	3½	3	2¾	2½	2¼	2	65	52	96	60
C	7	6	5½	5	4½	4	60	—		60
D	14½	12	11	10	9	8	60	96	52	65
	28	24	22	20	18	16	30	96	52	65
AVANCES DES CHARIOTS EN m/m	1.256 / 0.0795	1.376 / 0.09	1.6 / 0.1	1.76 / 0.11	1.962 / 0.122	2.2 / 0.137				

Fig. 133.

(1) Ou même rapport obtenu par roues inégales quant au nombre de dents, puisque ordinairement ces engrenages ne sont pas en double dans la série.

Il suffit alors de choisir (fig. 133 et 134) des roues menantes telles que le produit de leurs nombres respectifs de
dents soit égal au pas de l'hélice à produire (1).

Soit une vis-mère de 8 millimètres et un pas de 5 millimètres, 6 ; les roues conduites seront 80 et 100, et le pro-

POSITION DES ROUES	PAS METRIQUES REPRODUITS AVEC UNE VIS AU PAS DE 6% AVANCES LONGITUDINALES ET TRANSVERSALES = ½ DES PAS						ROUES DE RECHANGE			
							A	B	C	D
	1,375	1,25	1,125	1	0,875	0,75	30	60	40	80
	2,75	2,5	2,25	2	1,75	1,50	60	60	40	80
	5,5	5	4,5	4	3,5	3	60	30	40	80
	11	10	9	8	7	6	60	60	80	40
	22	20	18	16	14	12	60	40	80	30

Fig. 134.

duit des roues menantes devant être 5.600, nous conduit
à 70 et 80 ; or comme la série, par hypothèse, ne contient
pas 2 roues de 80 nécessaires dans cette combinaison, nous
aurons le même rapport

$$\frac{n}{n'} = \frac{A}{B} = \frac{70}{80}$$

en divisant par 2 les deux termes de la dernière fraction ;
en sorte qu'avec

$$\frac{n}{n'} = \frac{35}{40}$$

il restera :

$$
\begin{aligned}
A &= 35 \text{ dents.} \\
B &= 40 \quad — \\
C &= 80 \quad — \\
D &= 100 \quad —
\end{aligned}
$$

En cette application, la contre-vérification ou preuve est
la suivante :

(1) On peut encore consulter avec intérêt les tableaux, avec des combinaisons calculées à l'avance, de certains bons manuels du filetage,
pourvu que le style en soit suffisamment limpide.

$$35 \times 80 = 2.800 \; ; \; 2.800 \times 8 = 22.400 \; ; \; 40 \times 100 = 4.000.$$

$$\frac{22.400}{4.000} = 5,6.$$

On peut d'ailleurs poser

$$\frac{n}{n'} = \frac{56}{80}$$

et, en décomposant pour former un noyau,

$$\frac{56}{80} = \frac{7}{8} \times \frac{4}{5},$$

soit une suite de combinaisons telles que ci-après, à choisir dans la série :

$$\frac{7}{8} \times \frac{4}{5} = \frac{21}{24} \times \frac{20}{25} = \frac{21}{24} \times \frac{40}{50} = \frac{21}{24} \times \frac{60}{75} = \frac{21}{24} \times \frac{80}{100}$$

$$\frac{7}{8} \times \frac{4}{5} = \frac{35}{40} \times \frac{20}{25} = \frac{35}{40} \times \frac{60}{75} = \ldots \ldots$$

$$\frac{7}{8} \times \frac{4}{5} = \frac{70}{80} \times \frac{20}{25} = \frac{70}{80} \times \frac{40}{50} = \ldots \ldots$$

Au point de vue résistance des métaux, il est logique de caler la plus grande roue sur la vis-mère, puisqu'en définitive on doit vaincre son inertie, ses frottements, la réaction de l'outil ou partie du travail à fournir par lui, etc., et qu'on l'attaque ainsi avec un plus grand levier.

Les remarques pouvant guider dans le choix des engrenages se déduisent du simple examen de la combinaison. Les deux pas sont donnés et on prend de prime abord ces deux chiffres pour former l'engrenage de commande **A** et l'engrenage de réception **B**; on suppose ensuite **C** et **D** égaux, puisqu'alors ils n'entraîneront dans cette hypothèse aucun changement dans la transmission.

Les engrenages ainsi établis :

1º On peut multiplier ou diviser l'une des roues menantes

par un chiffre quelconque à condition que, simultanément,
on multiplie ou on divise l'une des roues conduites par ce
même chiffre ;

2° On peut diviser le nombre de dents d'une roue menante par un chiffre quelconque à condition que, simultanément, on multiplie le nombre de dents de la deuxième
roue menante par le même chiffre ;

3° On peut enfin multiplier ou diviser les engrenages de
réception par un chiffre quelconque, à condition de *diviser*
ou multiplier (vice-versa) le second engrenage de réception
par le même chiffre.

Pour mieux familiariser le lecteur avec ces calculs, établissons les combinaisons d'un pas de 13 millimètres 6 à
obtenir avec une vis-mère de 14 millimètres, soit

$$n = 136$$
$$n' = 140$$

Admettons que ce soient nos roues et adjoignons-leur
un relais mort de

$$\frac{n''}{n'''} = \frac{20}{20},$$

le tableau sera

a 136. . . . . 20 c
b 140. . . . . 20 d

Divisons a et b simultanément par 2 ; le rapport n'en sera
nullement modifié et nous aurons

a 68 . . . . 20 c
b 70 . . . . 20 d,

puis

34 20
35 . . . . 20 ;

si nous ne divisons que 34 par 2. il faudrait, conformément aux remarques ci-avant, multiplier °20 par 2, d'où

a 17. . . . . 40 c
b 35. . . . . 20 d

On peut également multiplier 17 et 20 par un même nombre : 5, de sorte qu'on aura

$$a\,85 \dots\dots\dots\dots\dots\dots\dots\dots 40\,c$$
$$b\,35 \dots\dots\dots\dots\dots\dots\dots\dots 100\,d$$

et en résumé la preuve nous conduira au rapport initial :

$$85 \times 40 = 3.400\,;\; 3.400 \times 14 = 47.600$$
$$35 \times 100 = 3.500$$
$$\frac{47.600}{3.500} = 13,6.$$

En raison de ce que, dans le filetage à 4 roues (1), les combinaisons sont beaucoup plus nombreuses qu'avec 2 roues, il en résulte que certains pas qui ne pouvaient s'exécuter avec cette commande-ci, étant donnée une vis-mère, seront obtenus très exactement avec la même vis-mère au moyen de 4 engrenages.

La vis de 10 millimètres, par exemple, ne permet pas de faire sans fraction (c'est-à-dire avec précision) les pas divisibles par 3 si l'on ne monte que deux roues, tandis qu'avec le harnais à 4 on arrive à une solution juste :

Pas à faire = 3 millimètres 3. Vis-mère de 10 milli-mètres :

$$\frac{n}{n'} = \frac{33}{100};$$

or si l'on décompose 33 et 100, c'est-à-dire si on les divise par deux autres nombres différents, donnant un quotient sans reste, on pourra considérer les diviseurs comme les éléments du noyau des seconds engrenages, puisque le rapport n ne change pas ;

$$33 = 3 \times 11$$
$$100 = 5 \times 10.$$

(1) Voir en pratique les fig. 133 et 134 qui constituent des vade-mecum pour le tourneur.

Les roues menantes étant 3 et 11 et les roues conduites 5 et 10, on revient au cas ordinaire et il suffira de multiplier séparément les termes de chaque rapport par un même chiffre pour obtenir

$$A = 30 \qquad C = 55$$
$$B = 50 \qquad D = 100.$$

La preuve nous fournit, en effet,

$$30 \times 55 = 1.650 \qquad 1.650 \times 10 = 16.500$$
$$50 \times 100 = 5.000$$

$$\frac{16.500}{5.000} = 3.3$$

On remarquera qu'en simplifiant le rapport n à sa plus simple expression, ce que l'on fait en négligeant les diviseurs communs, on pourra ne conserver pour le deuxième relai que les diviseurs premiers entre eux (ne se divisant pas sans un reste); on va donc être amené, comme suite à cette observation, à une méthode générale :

Supposons une vis-mère de 8, pour exécuter un pas de 10 millimètres 8, et cherchons le noyau de notre série :

$$108 = 2 \times 2 \times 3 \times 3 \times 3$$
$$80 = 2 \times 2 \times 2 \times 2 \times 5$$

de sorte qu'il vient

$$\frac{n}{n'} = \frac{3 \times 9}{4 \times 5}$$

en supprimant 2×2 haut et bas; il sera ensuite facile de trouver, dans la série, des nombres de dents fournissant ces rapports $\frac{3}{4}$ et $\frac{9}{5}$.

D'où la règle suivante : *Les nombres premiers dont le produit forme le pas doivent être des sous-multiples des nombres de dents des roues.*

Filetage à 6 roues. — Il est surtout utilisé pour les pas rapides ou, encore, pour fileter certains pas plus exactement qu'avec 4 engrenages ; il ne diffère pas sensiblement du précédent (fig. 135 et 136) ; toutefois, dans les tours dont le chariot ne marcherait pas, par extraordinaire, mécaniquement à droite et à gauche, on devrait monter un axe intermédiaire pour changer le sens de la rotation.

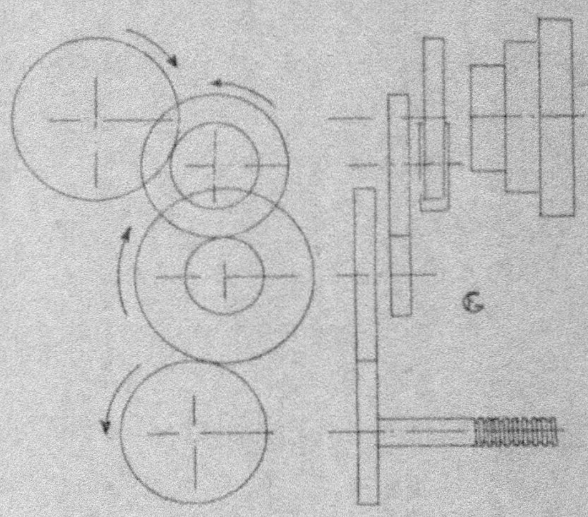

Fig. 135 et 136.

Le noyau, pour un pas de 64 millimètres avec une vis-mère de 10 millimètres, s'obtiendra par la décomposition ci-dessous :

$$n = 64 = 2 \times 2 \times 2 \times 2 \times 2 \times 2 = 8 \times 2 \times 4$$
$$n' = 10 = 2 \times 5 \qquad\qquad\qquad = 5 \times 1 \times 2$$

et, en opérant les transformations,

$$\frac{n}{n'} = \frac{80}{50} \times \frac{40}{20} \times \frac{120}{60}$$

rapports qui représentent l'une quelconque des nombreuses combinaisons dans lesquelles les roues peuvent être interverties.

Filetage à 8 roues. — Ce procédé (fig. 137) est employé pour les filets extra-rapides, les dents d'un engrenage hélicoïdal par exemple ; pour déterminer les combinaisons appropriées d'une manière plus simple, il est préférable d'opérer d'abord comme avec 4 roues en ajoutant

Fig. 137.

deux axes morts ; on multiplie ensuite ou l'on divise selon les remarques signalées précédemment.

Pas anglais (1). — Les vis-mères filetées en pouces ou en lignes pourront, dans bien des cas, reproduire un pas exprimé en mesures anglaises ; mais il y aura *toujours* une

---

(1) Les mesures américaines sont les mêmes que celles du système anglais, soit

Yard $= 0^m,9144.$

Pied (*foot*) $= \frac{1}{3}$ du yard $= 0^m,3048.$

Pouce (*inch*) $= \frac{1}{12}$ du pied $= 25^{mm},399541.$

Ligne (*line*) $= \frac{1}{12}$ du pouce $= 2^{mm},1166.$

fraction quand il s'agira, sur un tour anglais, de confectionner un pas de vis en millimètres.

Si le pas à faire comprend des lignes, avec ou sans fraction, ou des pouces, le problème en revient à tout transformer en lignes ou douzièmes de lignes (1) ; en remplacement du millimètre on fera donc usage d'une nouvelle unité, qui nécessite seulement d'*additionner* des fractions classiques, données dans tous les formulaires, au lieu de multiplier des décimales ; ainsi 3 lignes $\frac{8}{12}$ deviendront $\frac{44}{12}$, 2 lignes $\frac{2}{12} = \frac{28}{12}$, etc., le noyau des roues de série à choisir se trouvera comme à l'ordinaire.

Mais lorsqu'avec une vis-mère dont le pas est en fractions de pouces, on veut produire un pas métrique, il y a lieu de tenir compte de ce qu'on appelle les *rapports de correction*.

Théoriquement, en effet, les pas anglais de $\frac{1}{2}$, $\frac{3}{8}$ et $\frac{1}{4}$ de pouce, le pouce valant $25^{mm},399341$, correspondent à

$$\frac{1}{2} \text{ pouce} = 12^{mm},6997$$

$$\frac{3}{8} \quad - \quad = 9^{mm},5248$$

$$\frac{1}{4} \quad - \quad = 6^{mm},3499 ;$$

Or, à la simple inspection de ces nombres de millimètres, on s'aperçoit qu'ils sont à fort peu de chose près divisibles par 63 ; comme d'ailleurs ils restent exactement les mêmes quand on les multiplie par $1 = \frac{63}{63}$, on les transformera donc aisément en soixante-troisièmes de millimètre, c'est-à-dire :

$$12,70 \times \frac{63}{63} = \frac{R}{63} = \frac{800}{63} \text{ (à 0,08 près)}$$

$$9,52 \times \frac{63}{63} = \frac{R}{63} = \frac{600}{63} \text{ (à 0,03 près)}$$

$$6,35 \times \frac{63}{63} = \frac{R}{63} = \frac{400}{63} \text{ (à 0,04 près)}$$

et il suffira, dans la formule générale, de faire

$$P = \frac{R}{63}$$

d'où, en résumé

$$\frac{n}{n'} = \frac{p}{\dfrac{R}{63}}$$

Cette méthode nous ramène donc à chercher le noyau de la même façon qu'il a été dit, le pas à produire étant multiplié préalablement par 63.

La réciproque est d'ailleurs vraie et l'on obtiendra, inversement, des pas anglais sur un tour dont la vis-mère est en mesures métriques, en remplaçant en ce cas p par le rapport de correction $\dfrac{R}{63}$.

Comme application, établissons le noyau d'une combinaison permettant, avec une vis-mère de $\dfrac{3}{8} = 9^{mm},52$, de faire un pas de 8 millimètres :

$$\frac{n}{n'} = \frac{p}{\dfrac{R}{63}} = \frac{8}{\dfrac{600}{63}}$$

$$\frac{n}{n'} = \frac{8 \times 63}{600}$$

$$\frac{n}{n'} = \frac{(2 \times 2 \times 2) \times (3 \times 3 \times 7)}{2 \times 2 \times 2 \times 3 \times 5 \times 5} = \frac{21}{25}$$

Pour exécuter, par exemple, un pas de $\frac{1}{4}$ de pouce, où $\frac{R}{63} = \frac{400}{63}$, sur un tour dont la vis-mère serait au pas de 13 millimètres, soit

$$p = \frac{400}{63} \qquad P = 12,$$

on aurait

$$\frac{n}{n'} = \frac{p}{P} = \frac{\frac{400}{63}}{12} = \frac{400}{12 \times 63}$$

$$\frac{n}{n'} = \frac{2 \times 2 \times 2 \times 2 \times 5 \times 5}{(2 \times 2 \times 3) \times (3 \times 3 \times 7)}$$

$$\frac{n}{n'} = \frac{2}{3} \times \frac{50}{63}.$$

Le lecteur pensera peut-être trop délayées les descriptions des méthodes précédentes, surtout s'il a déjà quelque pratique des tours perfectionnés modernes ; cependant, qu'il réfléchisse que cet ouvrage s'adresse moins à lui qu'au débutant qui pourra, sur les exemples donnés en maints endroits, se poser à lui-même des problèmes et des questions se rapportant soit à son travail journalier, soit à celui qui s'exécute sur d'autres tours de l'atelier.

Par une réflexion soutenue au commencement et un peu d'habitude, on arrive à se jouer des petites opérations d'école primaire nécessitées pour les combinaisons de roues, et à acquérir une habileté qui se répercute sur les problèmes variés du tour, ceux des changements de vitesse ou du calcul des poulies, entre autres.

Façonnage des outils. — Pour qu'un outil de filetage coupe bien, à part les qualités de métal et de trempe, il faut lui donner une forme appropriée non seulement quant au tranchant, mais aussi sur les côtés ; car il doit pénétrer entre deux surfaces hélicoïdales sur lesquelles il est nécessaire qu'il ne talonne pas.

Suivant l'opération qu'il y a à effectuer au tour, l'aspect général des outils est comme ci-contre (fig. 138 à 141) ; on les a forgés dans une barre d'acier fondu de section carrée

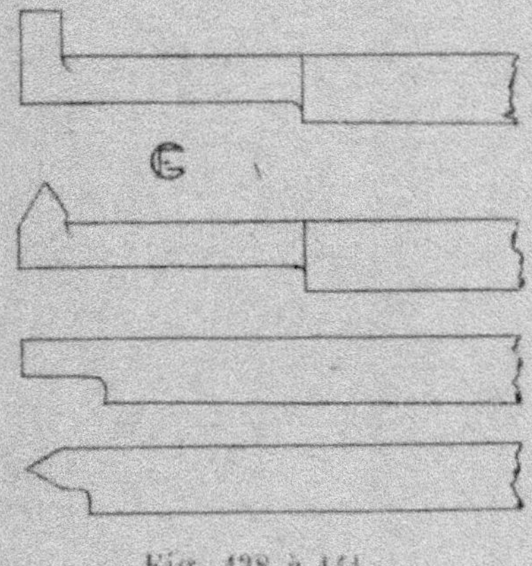

Fig. 138 à 141.

ou rectangulaire, ou, encore, on les a simplement préparés pour entrer dans la mortaise d'un porte-outil.

Mais, de toute façon, on les termine soigneusement à la lime avant de les tremper et on les rectifie à la meule, si besoin, pour qu'ils épousent absolument le contour des gabarits ; un fond du filet bien lisse, des angles rentrants bien nets et les autres surfaces extrêmement précises ne s'obtiennent qu'à la condition de travailler avec un burin irréprochable.

Il est reconnu en outre que, pour qu'un outil coupe bien, le taillant doit être très légèrement *au-dessus* du niveau horizontal du centre de la section, $\frac{1}{10}$ à $\frac{1}{20}$ environ du diamètre de la pièce.

Les angles d'incidence et de coupe ont les valeurs moyennes de la figure 59 ; mais, de plus, le bec de l'outil ne devant talonner ni à droite ni à gauche, sera façonné par conséquent avec une certaine dépouille; celle-ci correspond à l'inclinaison de la tangente à l'hélice (regardée en élévation (fig. 142).

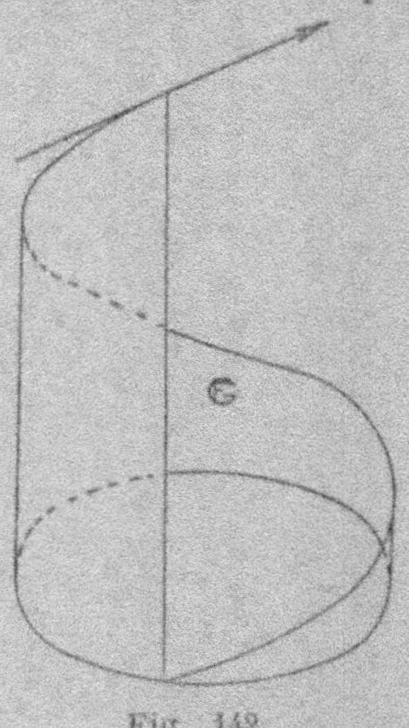

Fig. 142.

respond à l'inclinaison de la tangente à l'hélice (regardée en élévation (fig. 142).

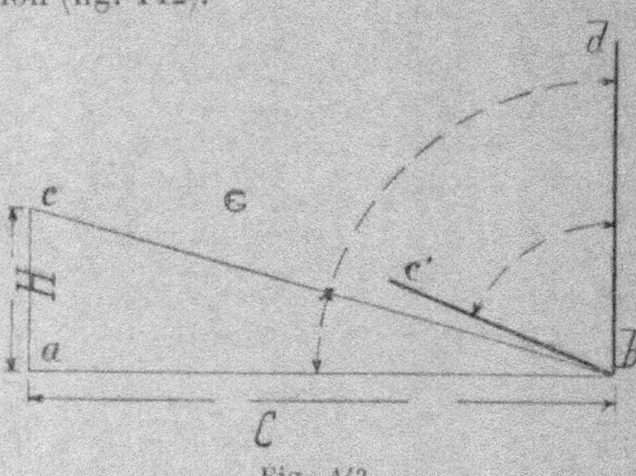

Fig. 143.

On obtient le degré de pente convenable par le graphique que la figure précédente fait mieux comprendre en perspective; on développe l'hélice (fig. 143) en prenant respectivement pour les côtés d'un angle droit : la longueur du cercle de base **C** et le pas **H**; $b\,c$ représente la pente minimum que doit avoir l'outil et, bien entendu, pour éviter qu'il ne frotte contre les surfaces hélicoïdales adjacentes, on fait moindre la dépouille $b\,c'$; en résumé l'angle de coupe sera $d\,b\,c'$, et la vis pourra nettement accomplir sa révolution pendant l'avance du chariot.

Repères du filetage. — Dans la majorité des tours, quand une passe est achevée on débraye l'écrou et on ramène le chariot en arrière soit à la main, soit mécaniquement ; la plupart du temps, on prend la crémaillère comme point d'appui et, ainsi, on ménage la vis-mère tout en opérant plus vite, avantages déjà signalés.

Néanmoins il est indispensable que, lors de la passe suivante, l'outil se présente exactement dans le creux du filet déjà tracé, sinon celui-ci serait gâché; et l'on n'évite cela que si la vis-mère et la vis en fabrication sont dans la même position absolue qu'au moment du départ ou dans des positions dites de *repère*.

Il faudrait par conséquent que, les déplacements étant égaux,

$$t \times p = T \times P$$

en appelant

t le nombre de révolutions de la pièce au pas p,

T   —   —   vis-mère au pas P ;

malheureusement il n'est pas pratique de compter le nombre de tours t.

Pour certains pas, égaux ou sous-multiples du pas de la vis-mère, l'embrayage est indifférent, on retombe toujours dans le vide d'un filet puisque, dans le cas où le point de départ serait dépassé ou non, on aurait quand même

$$t \times p = T \times P$$

ou

$$\frac{t}{T} = \frac{P}{p};$$

or, par hypothèse

$$P = m\,p$$

de sorte que

$$\frac{t}{T} = \frac{m\,p}{p} = m,$$

c'est-à-dire que, quelle que soit la position, aussitôt qu'un certain nombre de tours sont effectués en avant ou en arrière après embrayage, il y a correspondance constante.

Les pas qui jouissent de cette propriété sont, entre autres :

pour une vis-mère de   5 : 2,50 — 1,25 — 1,00,
—   —   6 : 3,00 — 1,50 — 1,00,
—   —   8 : 4,00 — 2,00 — 1,00,
—   —   10 : 5,00 — 3,33 — 2,50 — 1,25
              1,00,
—   —   12 : 6,00 — 4,00 — 3,00 — 2,40
              2,00 — 1,50 — 1,20 — 1,00,
—   —   14 : 7,00 — 3,50 — 1,75 — 1,00.

De même, dans les pas multiples des vis-mères, on fera au début un repère soit sur la vis à produire, soit de préférence sur le plateau du tour et, à chaque révolution stoppée à ce repère, on pourra embrayer l'écrou avec toute certitude de retomber dans le même filet.

Pour les autres pas, on devra appliquer la formule ci-dessus, tenant compte d'un même chemin parcouru pour que les hélices se présentent périodiquement :

$$t \times p = T \times P$$

la longueur correspondante est donc

$$L = t \times p = T \times P$$

c'est-à-dire qu'elle doit avoir pour diviseurs exacts p et P, les nombres entiers de révolution t et T en étant la conséquence ; en résumé L est un *multiple commun aux pas*.

Admettons une vis-mère au pas de 12 millimètres servant à façonner une vis au pas de 8 millimètres ;

$$L = t \times 8 = T \times 12 = 24$$
$$24 = 3 \times 8 = 2 \times 12.$$

Ou encore

$$L = t \times 9 = T \times 12$$
$$36 = 4 \times 9 = 3 \times 12.$$

En prenant enfin : vis mère de 6, vis à faire de 14

$$L = t \times 6 = T \times 14$$

plus petit commun multiple (p. p. c. m.) $= 2 \times 3 \times 7$

$$42 = 7 \times 6 = 3 \times 14$$

A chacune de ces longueurs L, fournies en exemples de calculs, on pourra embrayer franchement l'écrou et on retombera dans le filet.

Au départ, on fait un repère sur le banc et on contrebute le chariot, au moyen d'une cale, sur la poupée mobile serrée à demeure ; on trace de même un ou plusieurs traits à des distances L, $2\,L$, $3\,L$, etc., selon la longueur à fileter ; en chacun de ces points on aura la possibilité de reprendre le travail à coup sûr.

Une autre méthode consiste à utiliser les engrenages de la série ; certains tourneurs lui préfèrent néanmoins le repérage précédent, dit *à la longueur*, parce que la disposition du tour se prête mieux à la surveillance du déplacement du chariot ; mais les repères sur les roues sont plus expéditifs.

On fait une marque à la craie sur une dent de l'engrenage de commande et sur les deux dents adjacentes de la roue intermédiaire, s'il s'agit d'un filetage à 2 roues; on fait de même pour la roue conduite.

Quand on a terminé la passe et ramené le chariot contre la cale, par la crémaillère, on remet en marche et l'on embraye l'écrou de la vis-mère seulement à l'instant précis où les repères se présentent bien dans un ordre identique à celui de la passe précédente.

Afin de ne faire qu'un minimum de tours à la vis-mère, il est nécessaire de choisir, pour l'*intermédiaire*, un nombre de dents qui soit sous-multiple du produit obtenu en multipliant le nombre de dents de la roue *conduite* par le nombre de tours qu'elle fait.

Par exemple, pour produire un pas de 5 millimètres avec une vis-mère de 8 millimètres, nous aurons 5 tours à celle-ci pour 8 à la vis entre pointes et les repères se présenteront toutes les 5 révolutions avec 50 et 80 dents aux roues et 100 dents à l'intermédiaire ; tandis que si nous avions adopté un intermédiaire de 60 dents, les repères ne viendraient dent pour dent qu'après 15 tours. C'est donc là une grande perte d'un temps que l'on pourrait mieux utiliser (à donner, supposons, du *serrage* à l'outil) et une usure inutile de certaines parties de la vis-mère.

Quelquefois on monte des aiguilles indicatrices sur les axes de la roue menante et de la roue conduite; on les met pointe à pointe à l'instant de l'embrayage et, à chaque rencontre, c'est un indice, plus visible pour l'ouvrier, que les vis sont bien dans une position convenable.

Cette façon d'opérer par aiguilles est encore plus avantageuse pour le filetage à plusieurs relais, car elle ne dépend pas de la répartition des roues employées.

Vis à plusieurs filets. — On doit d'abord observer que, puisque dans ces vis le pas est divisé en parties égales dont le filet en saillie forme la moitié de chacune (fig. 144),

l'hélice génératrice est astreinte à la condition suivante : il
est nécessaire que le développement du cercle πD soit au
moins égal au nombre des filets multiplié par deux fois leur
épaisseur ; si ce développement était
plus petit, il faudrait évidemment réduire le nombre ou l'épaisseur des filets.

On divise le pas en un nombre donné
de filets soit au moyen d'un plateau
diviseur spécial, soit en se servant du
plateau du tour où l'on trace autant de
parties égales qu'il y a de filets au pas,

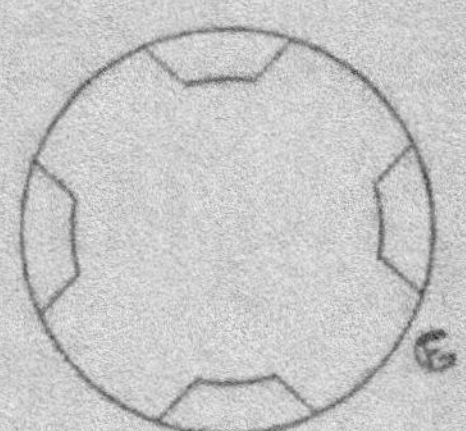

Fig. 144.

soit en faisant cette division sur la vis en construction.

Mais la méthode la plus exacte consiste à utiliser les

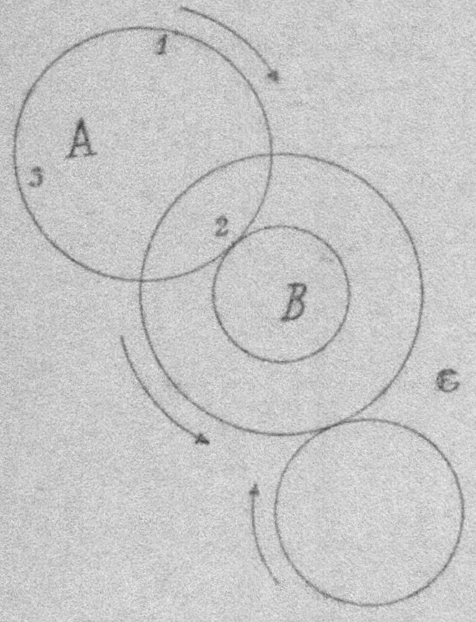

Fig. 145.

roues de série de la tête de cheval en choisissant, pour l'engrenage de commande de la poupée, un nombre de dents
qui soit multiple du nombre de filets.

Il y aura, par conséquent, un nombre entier de dents de

A (fig. 145) qui correspondra à un filet, et l'on procédera par repères comme il suit : on fait une passe avec les précautions d'usage et, alors, une division 1 est venue en contact avec deux dents de B, en 2; on repère les deux dents adjacentes ; on désengrène A, puis on fait revenir le chariot en arrière, contre la cale de butée, par la crémaillère.

Pendant ces mouvements, les repères n'ont pas bougé; à ce moment on tourne à vide la broche du tour; A est désengrenée mais obéit à la rotation de cette broche ; on fait donc faire un tour complet plus une division, de sorte que 3 se présente exactement entre les deux dents de repère de B ; on engrène A et B dans cette position; on embraye la vis-mère et, mettant en marche, on trace le deuxième filet.

Procédant de même pour le 3ᵉ, le 4ᵉ, etc., avec divisions dûment numérotées, il n'y a aucun risque d'erreur.

On peut encore, les engrenages étant définis pour produire un pas donné, multiplier les nombres de dents

$$A \times C;$$

on divise par B; soit

$$\frac{A \times C}{B} = E$$

enfin, en désignant par **N** le nombre de filets,

$$\frac{E}{N}$$

nous fournit le nombre de dents de **C** qui correspondront à la division précise du pas en 2, 3, 4... filets.

En ce cas, on désengrènera d'avec **D**, repéré ainsi qu'on l'a indiqué ci-dessus, et on fera tourner **C** de la quantité de dents **E**.

Il est bon, dans les vis à plusieurs filets, de faire une passe sur l'ensemble des filets, c'est-à-dire de ne pas creuser séparément chacun d'eux ; sauf usure de l'outil, le serrage du taillant restera donc identique, surtout lors de la passe de finition.

Le tableau suivant (fig. 142) donne (1) l'angle d'inclinaison de l'hélice sur le manteau extérieur de la vis :

d = Diamètre du boulon. t = Profondeur du filet. p = Pas. φ = Angle d'inclinaison.	$t = \frac{1}{8}d$		$t = \frac{1}{7}d$	
	$\frac{p}{d}$	φ	$\frac{p}{d}$	φ
Vis à 2 filets	$\frac{1}{2}$	9° 3'	$\frac{4}{7}$	10° 19'
— 3 —	$\frac{3}{4}$	12° 26'	$\frac{6}{7}$	15° 16'
— 4 —	1	17° 40'	$\frac{8}{7}$	20°
— 5 —	$\frac{5}{4}$	21° 42'	$\frac{10}{7}$	24° 27'

Dans le système *Sellers* (fig. 146), la section du filet a la

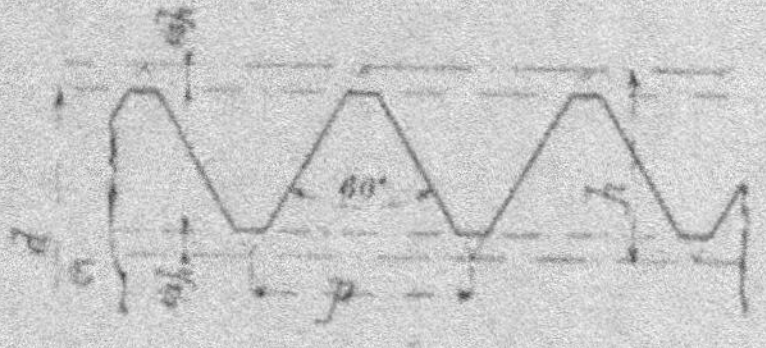

Fig. 146.

forme générale d'un triangle équilatéral dont les sommets sont tronqués par des parallèles à l'axe.

(1) Huguenin.

Système américain (SELLERS).

DIAMÈTRE		PAS	
EN POUCES	EN MILLIMÈTRES	NOMBRE DE FILETS PAR POUCE DE LONGUEUR	EN MILLIMÈTRES
1/8	3,17	40	0,635
5/32	3,97	36	0,705
3/16	4,76	32	0,794
7/32	5,55	28	0,907
1/4	6,35	20	1,27
5/16	7,94	18	1,41
3/8	9,52	16	1,59
7/16	11,11	14	1,81
1/2	12,70	13	1,95
9/16	14,29	12	2,11
5/8	15,87	11	2,31
3/4	19,05	10	2,54
7/8	22,22	9	2,82
1	25,40	8	3,175
1 1/8	28,57	7	3,628
1 1/4	31,75	7	3,628
1 3/8	34,92	6	4,233
1 1/2	38,10	6	4,233
1 5/8	41,27	5 1/2	4,615
1 3/4	44,45	5	5,079
1 7/8	47,62	5	5,079
2	50,80	4 1/2	5,644
2 1/4	57,15	4 1/2	5,644
2 1/2	63,50	4	6,350
2 3/4	69,85	4	6,350
3	76,20	3 1/2	7,257
3 1/4	82,55	3 1/2	7,257
3 1/2	88,90	3 1/4	7,815
3 3/4	95,25	3	8,466
4	101,60	3	8,466
4 1/4	107,95	2 7/8	8,834
4 1/2	114,30	2 3/4	9,200
4 3/4	120,65	2 5/8	9,714
5	127,00	2 1/2	10,199
5 1/4	133,35	2 1/2	10,199
5 1/2	139,70	2 3/8	10,737
5 3/4	146,05	2 3/8	10,737
6	152,40	2 1/4	11,333

EN POUCES — EN MILLIMÈTRES — NOMBRE DE FILETS PAR POUCE DE LONGUEUR — EN MILLIMÈTRES

Le filet du système *Withworth* (fig. 147) affecte la figure
d'un triangle isocèle dont l'angle au sommet est de 55 degrés; les sommets aigus sont remplacés par des arrondis.

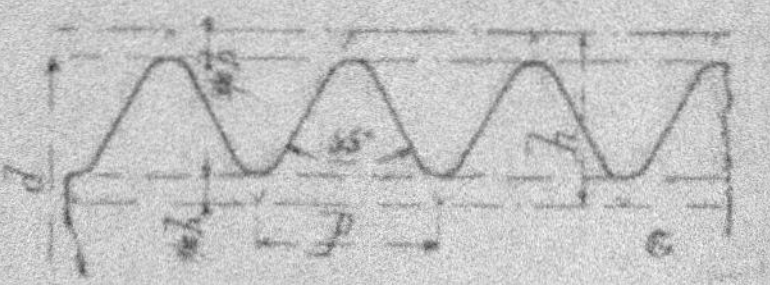

Fig. 147.

Système anglais (WHITWORTH).

DIAMÈTRE		PAS	
EN POUCES	EN MILLIMÈTRES	NOMBRE DE FILETS PAR POUCE DE LONGUEUR	EN MILLIMÈTRES
3/16	4,76	24	1,27
1/4	6,35	20	1,27
5/16	7,93	18	1,41
3/8	9,52	16	1,58
7/16	11,11	14	1,81
1/2	12,70	12	2,11
9/16	14,28	12	2,11
5/8	15,87	11	2,30
11/16	17,46	11	2,30
3/4	19,05	10	2,54
13/16	20,63	10	2,54
7/8	22,22	9	2,82
15/16	23,81	9	2,82
1	24,40	8	3,18
1 1/8	28,57	7	3,63
1 1/4	31,75	7	3,63
1 3/8	34,92	6	4,23
1 1/2	38,10	6	4,23
1 5/8	41,27	5	5,08
1 3/4	44,45	5	5,08
1 7/8	47,62	4 1/2	5,64
2	50,82	4 1/2	5,64
2 1/4	57,15	4	6,35
2 1/2	63,50	4	6,35
2 3/4	69,85	3 1/2	7,26
3	76,20	3 1/2	7,26

Quant au système international de filetage **S. I.** (fig. 148), il a été adopté par l'État, les compagnies de chemins de fer, les grands ateliers, etc., et prescrit pour la Marine ; le triangle primitif du filet est un triangle équilatéral dont le

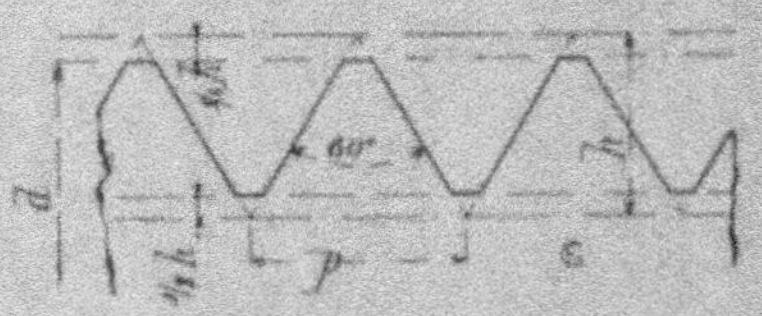

Fig. 148.

côté égale le pas ; ce triangle, sur les angles saillants ou rentrants, est tronqué par deux parallèles à l'axe.

La forme du fond de l'approfondissement est laissée à l'appréciation des constructeurs, quoique l'on recommande d'adopter un profil arrondi de raccordement ; le diamètre est mesuré ainsi que le montre la dimension *d*.

Système international (S. I.).

DIAMÈTRE	PAS	OUVERTURE DE CLÉ	DIAMÈTRE	PAS	OUVERTURE DE CLÉ
6mm	1mm	12mm	33mm	3mm,50	50mm
7	1,00	13	36	4,00	54
8	1,25	15	39	4,00	58
9	1,25	16	42	4,50	63
10	1,50	18	45	4,50	67
11	1,50	19	48	5,00	71
12	1,75	21	52	5,00	77
14	2,00	23	56	5,50	82
16	2,00	26	60	5,50	88
18	2,50	29	64	6,00	94
20	2,50	32	68	6,00	100
22	2,50	35	72	6,50	105
24	3,00	38	76	6,50	110
27	3,00	42	80	7,00	116
30	3,50	46			

Pas du gaz. — Les filets dits au *pas du gaz*, qui sont employés surtout pour les tubes en fer, ont le profil de la série Whitworth; en chiffres ronds :

Le tube de $\quad 5 \times 10 \left(\dfrac{1}{8}\right)$ a un pas de . . . . . $0^{mm}.91$

Les tubes de $\quad 8 \times 13 \left(\dfrac{1}{4}\right)$ et $\quad 12 \times 17 \left(\dfrac{3}{8}\right) \quad$ » $\quad 1^{mm}.34$

$\quad\quad — \quad\quad 15 \times 21 \left(\dfrac{1}{2}\right)$ à $\quad 24 \times 31 \left(\dfrac{7}{8}\right) \quad$ » $\quad 1^{mm}.81$

$\quad\quad — \quad\quad 26 \times 34\ (1)$ à $\quad 102 \times 114\ (4) \quad$ » $\quad 2^{mm}.31$

CHAPITRE XII

MÉTALLOGRAPHIE, TREMPE, REVENU.

L'examen micrographique des métaux a donné naissance à une science nouvelle permettant de reconnaître, au moyen de microscopes puissants et d'opérations préparatoires *ad hoc*, la constitution moléculaire et les propriétés des métaux et des alliages ; certaines de leurs caractéristiques se présentent dans un ordre bien défini.

Ces méthodes sont surtout intéressantes dans la sidérurgie des aciers et ont quelque peu servi, à côté des essais physiques ou chimiques, à déterminer les compositions offrant les meilleurs résultats dans chaque cas particulier.

On sait que les propriétés mécaniques d'un acier à outils au carbone dépendent non seulement du traitement qu'il a subi lors de sa fabrication : analyse, fonte, laminage, martelage, etc., mais beaucoup aussi du traitement ultérieur : réchauffage, trempe, revenu, etc. ; la métallographie indique à l'avance ce qu'on peut attendre de l'emploi de la matière, que ce soit un alliage du fer avec le carbone seul ou que ce soit, dans les aciers rapides, un alliage avec divers corps tels que : silicium, tungstène, vanadium, chrome, etc., qui, alliés au fer seuls ou deux à deux, diminuent étrangement la fragilité du métal dans certaines circonstances précises (1).

L'étude du phénomène de la trempe a conduit, d'autre part, aux observations ci-après (2) :

« L'acier éprouve vers 700 degrés un changement de nature qui a été étudié par M. Osmond. Cette transformation, comme un grand nombre de transformations chimiques, se produit avec des retards plus ou moins considérables, suivant la rapidité des variations de température et suivant certaines autres circonstances. A l'échauffement, la transformation se produira au-dessus de 700 degrés, de 750 degrés à 800 degrés par exemple, suivant la plus ou moins grande rapidité du chauffage, et au refroidissement au contraire, au-dessous de 700 degrés. La vitesse avec laquelle cette transformation se produit à une température donnée est régie par une loi tout à fait générale des phénomènes chimiques :

« Cette vitesse est d'autant plus grande que :

« 1° La température absolue considérée est plus élevée ;

« 2° Elle est plus écartée du point de transformation.

« Au-dessus du point de transformation, ces deux causes agissent dans le même sens ; la vitesse croît donc très rapidement et, pratiquement, il est impossible de chauffer le métal notablement au-dessus du point de transformation sans que celle-ci se produise.

(1) Une composition moyenne de ces aciers, donnée par M. Le Chatelier, est celle-ci :

Carbone	0,5
Silicium	0,2
Manganèse	0,2
Tungstène	12,0
Chrome	3,0
Molybdène	1,0
Fer	83,0
	100

(2) H. Le Chatelier, *Revue de Métallurgie*.

« Au-dessous du point de transformation, pendant le refroidissement, les deux causes au contraire agissent en sens inverse ; il en résulte que la vitesse de transformation, nulle au voisinage immédiat du point de transformation, va d'abord en croissant, passe par un maximum, puis décroît de nouveau pour s'annuler aux très basses températures. La grandeur et la position de ce maximum varient d'ailleurs avec des circonstances nombreuses.

« C'est précisément en utilisant cette propriété que l'on arrive à tremper l'acier ; en le refroidissant brusquement par immersion dans l'eau, on l'amène dans un temps très court aux basses températures où la transformation n'est plus possible.

« Il reste alors dans un état particulier se rattachant par certains points, bien qu'il ne lui soit pas absolument identique, à l'état dans lequel le métal se trouvait au-dessus du point de transformation. Il présente alors la dureté particulière des aciers trempés utilisés pour la confection des outils.

« Quand on vient à réchauffer un acier ainsi trempé et qu'on le ramène dans des zônes de température où la transformation recommence à devenir possible, le métal perd peu à peu sa dureté et se rapproche progressivement de son état malléable, normalement stable à froid ; on dit qu'on le fait *revenir*.

« Pour les aciers au carbone ordinaire, ce revenu commence à se faire sentir d'une façon un peu notable vers 200 degrés.

« La présence de certains corps étrangers a une très grande influence sur ces vitesses de transformation ; le tungstène en particulier retarde le revenu et, en présence de ce corps, ce n'est guère qu'au-dessus de 300 degrés qu'on obtient l'adoucissement produit sur les aciers ordinaires à la température de 200 degrés. M. Osmond a reconnu en outre que, pour les aciers au chrome et au tungstène, la température initiale à laquelle ils avaient été chauffés avait une influence extrêmement considérable sur le revenu ; plus l'acier a été chauffé à une température élevée, plus lent est son revenu aux basses températures.

« Le revenu des aciers joue un rôle capital dans la confection des outils et, ensuite, pendant leur emploi. En général, l'acier trempé non revenu possède une très grande dûreté et est alors capable de rayer le verre, mais présente en même temps une fragilité spéciale s'opposant à son emploi ; le tranchant de l'outil s'égrène pendant le travail comme le ferait un tranchant de verre. Un revenu approprié abaisse un peu la dûreté et diminue ainsi, dans une certaine mesure, la qualité au point de vue de la coupe, mais il diminue en même temps énormément la fragilité, et le gain d'un côté dépasse beaucoup la perte subie d'autre part.

« Cependant le revenu ne doit pas être poussé trop loin, sans quoi l'outil perdrait trop complètement sa dureté, son tranchant s'émousserait par refoulement comme le font les métaux mous et il deviendrait ainsi inutilisable.

« Mais ensuite, pendant le travail, la déformation même du métal découpé par l'outil donne lieu à des dégagements énormes de chaleur capables d'exagérer considérablement le revenu et de mettre ainsi rapidement l'outil hors de service ; pour parer à cet inconvénient, il faut réduire l'épaisseur du métal enlevé, réduire la vitesse de coupe et arroser énergiquement.

« Les nouveaux aciers ont permis d'élever jusque vers 600 degrés la température à laquelle le revenu devient dangereux.

« La température de revenu des aciers dépend de leur composition chimique et aussi dans une large mesure de la température initiale de chauffage. »

Quand on examine au microscope à fort grossissement un morceau d'acier trempé, poli et attaqué par diverses solutions sur une de ses faces, on distingue des zônes tout à fait différentes, accusant nettement les effets de la trempe : acier doux, revenu, trempe normale, fragilité.

Pour les aciers rapides, un changement brusque de température produit des fentes analogues à celles qui amènent le même résultat avec le verre ; aussi recommande-t-on lorsqu'on affûte ces outils :

ou bien d'opérer complètement à sec, de façon à éviter tout refroidissement accidentel et irrégulier par le contact de l'eau,

ou au contraire de les noyer dans un courant d'eau énergique, de façon à s'opposer à toute élévation de température.

CHAPITRE XIII

ACIERS RAPIDES

Depuis la découverte de l'acier à grande vitesse de coupe et les recherches scientifiques auxquelles elle a donné lieu, il n'existe pas, croyons-nous, de grandes administrations civiles ou nationales qui aient réglé la confection pratique des outils avec autant de savoir-faire que le Département des Constructions navales aux États-Unis; le lecteur est donc susceptible de faire son profit des méthodes d'atelier prescrites là-bas, en ne les appliquant, au besoin, que sur une moindre échelle.

Qu'il ait toujours présent à l'esprit notre vieux proverbe d'atelier : **Les bons outils font la moitié de l ouvrage.**

En raison du grand nombre des machines-outils, dont la plupart d'ailleurs ont les mêmes lignes générales et opèrent avec des outils ou identiques ou peu différents, on décida de centraliser la fabrication dans un atelier unique et de placer ainsi, sur une base nettement manufacturière : la forge, le traitement et le meulage des pièces susdites ; cela permettait dès lors d'approvisionner toutes succursales de types étalonnés et d'une qualité irréprochable et uniforme.

On met quelquefois en doute l'opportunité de façonner les outils, surtout ceux du tour, selon des gabarits nettement définis, en alléguant que l'ouvrier ne peut ainsi développer son individualité propre et que, par suite, il ne saurait être rendu responsable de son travail qu'entre des limites assez restreintes. Or, dans neuf cas sur dix où un tourneur a le choix des formes des outils et celui des méthodes, il arrive qu'un acier rapide de bonne tenue a un rendement notablement diminué cependant; il y a par conséquent économie, à tous points de vue, à adopter des étalons uniformes à l'aide desquels on produit un travail plus régulier.

En outre, il faut bien reconnaître que souvent l'achat des aciers se continue par routine, parce que, principalement, une précédente livraison a donné satisfaction; ce n'est pas là un moyen à préconiser, car si un lot était reconnu défectueux à l'usage, une plus lourde dépense serait imposée à l'atelier, non seulement parce que les outils de cette fournée rendent mal, mais aussi parce que l'influence de leur infériorité se répercute sur les étalons en acier de bonne tenue; l'irrégularité dans la qualité des outils nécessite une vitesse moyenne moindre qui, favorable au mauvais acier, assure une opération continue, mais désastreuse quant au résultat final, puisque la plupart des machines sont entravées.

Cet achat est cependant un des éléments importants de la bonne marche d'un atelier mécanique; c'est une sorte de placement que de le bien approvisionner des barres et des outils convenables, soigneusement forgés, traités et aiguisés, avec des magasins ou des postes d'outillage toujours prêts à satisfaire aux besoins; fréquemment un ouvrier emploie des outils défectueux soit parce qu'il ne peut s'en procurer d'autres, soit parce qu'il n'a ni l'occasion ni le goût de les conserver en bon état. Enfin certains se précautionnent abondamment en mettant la main sur tous

ceux qu'ils trouvent avantageux, ce qui entraîne à remplacer plus fréquemment ceux qui sont ainsi amassés et,
par suite, à faire d'autres achats.

On a objecté, par ailleurs, que chaque tourneur préfère
meuler ses outils selon ses convenances personnelles, ce
qui irait à l'encontre d'une installation centrale; il suffit

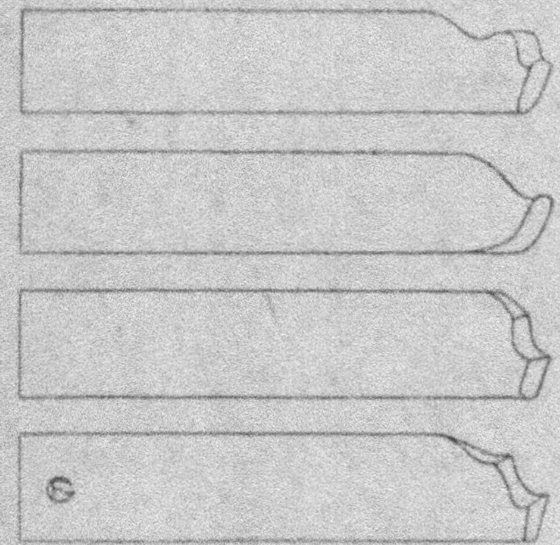

Fig. 149 à 152.

de se rendre compte, par l'exemple ci-contre (fig. 149 à 152),
quel résultat on obtiendrait en se pliant à cette objection;
pour un but quelconque donné : chacun des divers ouvriers
forgera ou meulera les outils d'une façon différente, d'où
autant de différence dans la production.

Il est donc en résumé essentiel de n'acheter que des
aciers d'une qualité bonne et constante et, en second lieu,
de se conformer à des types immuables; la première condition est satisfaite en général par la fourniture astreinte
à la concurrence entre bonnes marques, avec des spécifications nettes, assurant la réception par des méthodes uniformes de traitement dans chaque cas. Ce n'est qu'ainsi
qu'on est arrivé à réfréner les abus et à relever le rendement des machines-outils.

Il serait souvent difficile autant que coûteux d'équiper

les filiales ou succursales d'un grand atelier de machines
avec les appareils nécessaires pour la production et l'entretien des outils, tandis que c'est un procédé relativement
simple que de les confectionner dans un poste unique où
toute l'attention se concentre sur un but spécial et sur les
essais des aciers livrés.

L'adoption d'un tel poste donne d'ailleurs toute garantie

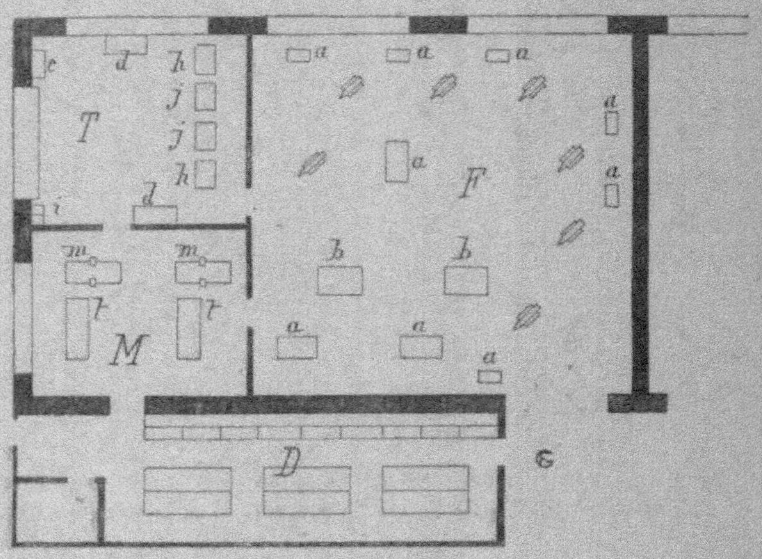

Fig. 153.

aux fabricants d'acier, car des experts sont autorisés à
collaborer aux travaux de contrôle, de réception, de traite-
tement à chaud ou à froid, etc.

Plan général. — Pour satisfaire à tous les besoins, le
poste central a été prévu pour une production de 800 outils
par jour ; sa partie principale comporte (fig. 153) :

1 atelier de forge	**F**	
1 atelier de traitement	**T**	
1 atelier de meulage	**M**	
1 magasin	**D** ;	

il existe en plus une dépendance (non représentée) où ont lieu les essais physiques et chimiques. La capacité de cette installation assure un usinage économique, et la formation corollaire d'un stock permet de répondre à toutes les demandes des succursales.

Les outils ainsi fournis y sont employés jusqu'à ce qu'ils aient besoin d'une réparation de conséquence, auquel cas ils sont renvoyés au poste central et immédiatement remplacés par ceux provenant du magasin; mais tous reçoivent leur meulage initial à l'atelier spécial et leur affûtage ultérieur a lieu, au fur et à mesure de l'usure, dans les ateliers respectifs qui s'en servent.

Ceux qui reviennent pour redressement sont gardés en magasin jusqu'à ce qu'un lot de tailles appropriées soit formé, et ce n'est qu'alors qu'on les répare; si les outils sont usés jusqu'à devenir trop courts pour être employés tels que, on les étire et on les façonne pour qu'ils s'adaptent à des outils de moindre dimension.

Forge. — Elle est outillée pour usiner des barres de 50×60 millimètres et possède deux marteaux à vapeur (*b*) l'un de 300 kil. et l'autre de 150 kil.; il y a 7 enclumes ordinaires de forgeron, et le chauffage s'obtient à l'aide de fours (*a*) brûlant du pétrole; elle est en outre équipée de tous les accessoires nécessaires tels que tranches, poinçons, marteaux à main, marteaux à devant, etc.

Il est, bien entendu, plus économique et rapide de façonner les aciers d'une façon précise avec un matériel aussi complet, que de compter sur les ateliers moyens qu'on aurait pu installer aux divers endroits desservis, où l'usinage aurait été difficile, lent et prodigue d'acier en barres.

Après des expériences comparatives sur le chauffage par divers combustibles : charbon gras, coke, gaz ou pétrole, le choix s'est porté vers ce dernier en raison de ses avantages techniques ou commerciaux; on a plus de satisfaction avec cette huile, qui fait éviter les difficultés encourues jusqu'ici lorsqu'on chauffe l'acier à outils dans les feux de forge au charbon ou au coke; ce genre de fourneau est moins coûteux quant au travail accompli, car il épargne le temps qu'il faudrait employer à commencer ou entretenir le feu; il occupe moins d'espace; il est propre, exempt de suie, de fumée, de mâchefer ou de cendres; il ne demande que fort peu d'habileté de la part du forgeron ou de son aide; enfin et surtout, on peut régler à volonté la quantité de chaleur fournie et y maintenir constante la température désirée.

Chauffage. — Les prescriptions principales qui concernent le chauffage préparatoire des barres d'acier rapide à tronçonner, ainsi que la chaleur requise, sont formulées dans des règlements qui vont jusqu'à indiquer les causes d'insuccès :

« Pour forger l'acier rapide, on doit faire grande attention de ne pas le chauffer trop rapidement, non plus que de le travailler trop froid; de 980 à 1035 degrés, telle est la température à laquelle les meilleurs résultats sont obtenus (cela correspond, pour employer les anciens errements, à une chaleur au jaune).

« L'acier rapide sera chauffé lentement, progressivement et *également*, et il est bon qu'aussitôt que quelques outils atteignent leur température de forgeage, on en dispose d'autres sur le foyer pour qu'ils soient avant-chauffés. Les outils ne seront pas laissés dans le fourneau plus d'une minute ou deux après qu'ils sont arrivés à la chaleur du forgeage, car l'acier est détérioré à un degré plus ou moins prononcé si, destiné à être trempé, il est maintenu pendant quelque temps aux températures supérieures à 800 degrés.

« Le forgeron ou le chauffeur prendront leurs dispositions pour que plusieurs outils aillent de pair, afin qu'il y ait toujours un outil prêt à être travaillé aussitôt que le précédent est ou terminé ou, encore, trop rafraîchi, de sorte qu'on doive le réchauffer.

« *Ne pas essayer de travailler un outil lorsqu'il a refroidi au-dessous de* 800 *degrés* (rouge cerise), car alors l'acier rapide ne se forge pas promptement et que, plus important, il y aurait danger de rupture ou de développement de tapures ou criques si, par la suite, il supportait un effort même peu considérable.

« Le fourneau doit être réglé de telle sorte qu'en aucun cas il ne puisse dépasser la température de 1.035 degrés ; quand on travaille un outil et qu'il a refroidi jusqu'à la température de 800 à 850 degrés (rouge cerise), arrêter le forgeage, placer la pièce en arrière dans le fourneau et en prendre un autre qui soit chauffé au point convenable.

« Avoir de 4 à 6 outils à chauffer en même temps et, toutes les fois que l'un est achevé, en placer un autre dans le feu et un autre dans le four à préchauffer.

« *Coupe*. — Il ne faut couper l'acier qu'en l'entaillant sur les quatre faces *pendant qu'il est chaud*; sinon il y a grand risque que la barre ne se fende aux extrémités quand on la coupe ; dans cette intention, il n'est pas nécessaire de le chauffer au delà de 750 degrés (rouge sombre); les outils doivent aussi, d'ailleurs, être poinçonnés à cette températature (lorsqu'ils reçoivent une marque de contrôle).

« L'outil (1) doit être soigneusement dressé sur l'enclume afin d'avoir toujours, sur son appui, une surface aussi exacte que possible, et cet appui lui-même doit s'étendre jusqu'à environ demi-distance de l'extrémité; on préparera donc sur l'enclume cette base, avec le bout avant directement sous la tranche afin d'éviter toute flexion par trop de

____

(1) F.-W. Taylor.

surplomb ; en résumé, empêcher toute flexion exagérée susceptible, en certaines occasions, de provoquer la rupture de la barre-d'acier.

Tapures. — Ces criques ou fêlures au feu ou à la chaleur proviennent de quatre causes principales, quoique le forgeron soit trop souvent enclin à attribuer toutes les non-réussites de ses outils au seul fabricant d'acier.

Évidemment cependant, quelques tapures résultent des imperfections du lingot, mais c'est l'exception.

La seconde cause des gerces internes provient de la rupture ou du sectionnement de la barre *à froid*.

En troisième lieu, un chauffage inégal du métal provoque souvent ces défauts, quand on laisse l'outil dans la même position pendant toute la durée de la chauffe : la portion du barreau voisine du feu se dilate plus rapidement que les zones d'acier qui sont au-dessus et il y a réellement séparation ou arrachements du métal plus froid.

La quatrième cause est un chauffage trop rapide, dans un feu intense ; même s'il est convenablement retourné sans cesse, les parties extérieures du barreau atteindront la haute température du forgeage longtemps avant que le centre de la section ne soit à un degré approprié ; cela se passe, surtout, pour les barres de forte dimension.

En martelant alors dans cet état, des ruptures internes sont probables parce que le centre de la pièce, au lieu d'être malléable comme l'extérieur, est resté comparativement froid et cassant ; l'acier étant donc impuissant à s'étirer, il se produit des arrachements internes.

Dans quelques cas, ces derniers ont encore pour motif un martèlement de la barre avec de trop légers coups de marteau ; la force de la frappe doit être suffisante pour se communiquer jusqu'au centre de la barre et, par conséquent, croître avec la dimension de l'acier.

Il est reconnu que les causes de tapures les plus fré-

quentes sont la troisième et la quatrième ; on recommande
donc un chauffage lent et un retournement fréquent de la
barre dans le foyer, particulièrement durant les premières
phases de l'opération ; s'il était nécessaire d'activer la chaleur, ne le faire que lors de l'élévation finale, au rouge
cerise, c'est-à-dire à la température du forgeage.

Les remarques précédentes se rapportent, comme de
juste, aux outils à grande vitesse, mais nullement aux
aciers tempérés ou aux premiers aciers auto-trempants,
que l'on ne doit pas chauffer au delà d'un léger rouge-cerise
pour le forgeage.

Forgeage. — Les appareils nécessaires ainsi que les
méthodes de travail des outils quelconques pour dégrossissage, finissage ou filetage, sont désignés sur des tableaux
mis à la disposition des ouvriers, où ceux-ci trouvent en
détail toutes les dimensions, toutes les instructions gra-
phiques, ainsi que les tours de main économiques indispensables pour un étalonnement absolu ; ces instructions
sont développées comme suit :

Première opération : Couper à longueur et étamper (fig. 159
et 160).

Préparation. — *a*) Placer la jauge pour marquer et
couper sur le marteau *p* ;

b) Poser le butoir *m* à la longueur de l'outil, tel qu'il est
indiqué sur la cornière d'about ;

c) Placer les barres dans le fourneau (se reporter au
tableau annexé, à la colonne *L*, pages 132 et 134) ;

d) Chauffer lentement jusqu'à la température du forgeage
(1.000 degrés).

Couper en bout et étamper. — *a*) Retirer la barre du
fourneau ;

b) Couper la pièce à la mesure (voir fig. 159).

Dans cette figure *m* est un arrêt fixe que l'on place au

point exact désigné pour la longueur de l'outil, par rapport au marquoir ou à la tranche *n* ; *p* est le marteau.

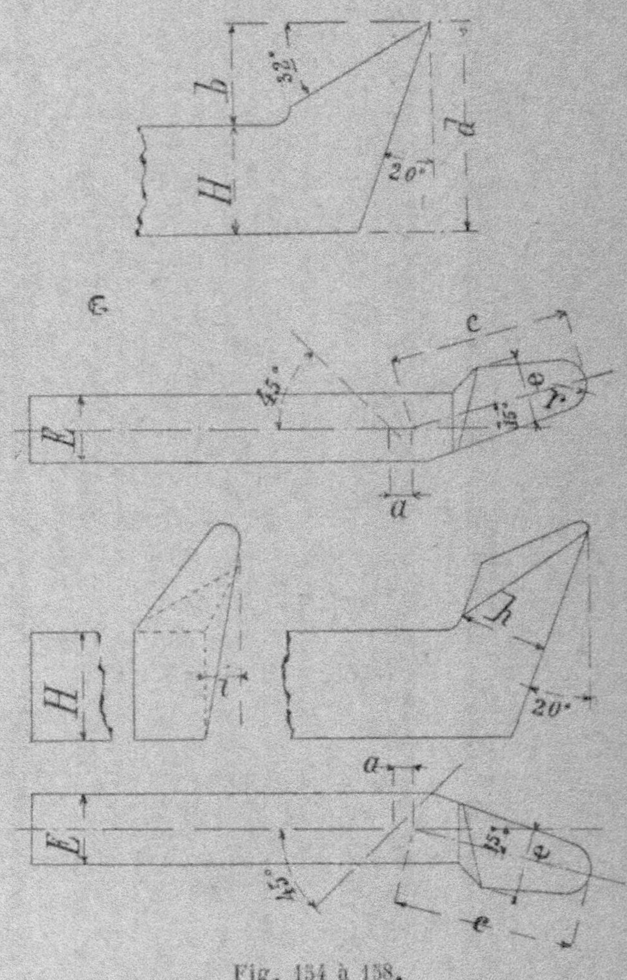

Fig. 154 à 158.

c) Mettre la barre en arrière dans le fourneau, pour la coupe suivante ;

d) Marteler l'extrémité coupée et la poinçonner avec la

Dimensions, en millimètres, d'outils bruts de forge.

(Fig. 154 à 158.)

E	H	h	e	a	b	c	d	r	L	F
13	19	19	13	4,5	20	36	41	3,0	280	89
16	25	22	17	5,0	25	43	52	4,5	305	108
19	29	25	21	5,5	29	49	59	6,5	385	127
22	35	28	25	6,0	33	55	69	8,0	410	140
25	38	32	28	6,5	38	63	76	9,5	460	158
32	48	38	36	7,0	47	76	94	12,5	535	190
38	57	44	44	8,0	54	90	111	16,0	610	230
44	67	50	52	8,5	62	105	128	19	690	260
50	76	58	60	9,5	70	117	146	22	765	295

marque spéciale énonçant le numéro et le symbole du lot (par exemple : 26. P B).

En figure 160. la partie *t* est destinée au tranchant de

Fig. 159.

l'outil représenté à plat, et *o* marque l'emplacement des repères du poinçonnage; *p* est le marteau; *j* l'enclume; *q* figure le barreau d'acier et *r* le poinçon.

On répète les opérations ci-dessus précisées jusqu'à ce

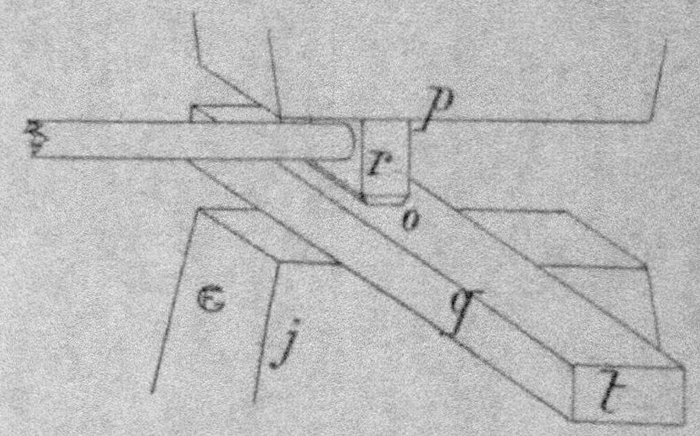

Fig. 160.

que tous les barreaux soient coupés à longueur, étampés et poinçonnés.

Chaque fois qu'une barre est ainsi préparée, on en place une autre au fourneau.

Le matériel nécessaire consiste en :

Jauge pour marquer et couper,
Tenailles,
Poinçon.

Deuxième opération : Forger le nez.

Préparation. — *a*) Placer les outils dans le fourneau;

b) Chauffer lentement jusqu'à la chaleur du forgeage (1.000 degrés).

La barre doit être chauffée, en arrière de l'extrémité, sur la longueur désignée dans le tableau par la lettre F.

c) Avoir soin de préparer tout l'outillage bien en mains.

Coudage, Étirage du talon et Dressage :

Fig. 161 et 162.

a) Placer l'étampe à couder sur l'enclume (fig. 161 et 162);

b) Mettre le barreau dans l'étampe en appuyant bien par-

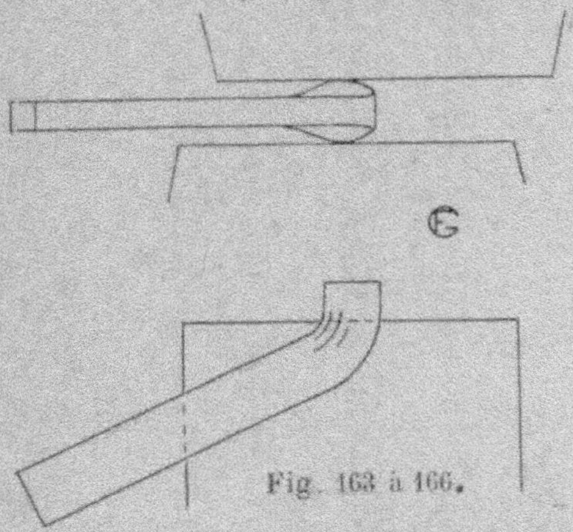

Fig. 163 à 166.

tout en dessous; appliquer l'outil spécial ou foulon et marteler;

c) Retirer l'étampe et le foulon;

d) Aplatir vers l'angle le métal en excès (fig. 163 et 164);

e) Épauler le talon (fig. 165 et 166), à une dimension k égale aux deux tiers de la largeur de la queue;

f) Dresser les faces d'appui (fig. 167 à 170);

g) Dresser le talon coudé et étirer le nez à la largeur *e* indiquée au tableau annexe (fig. 171).

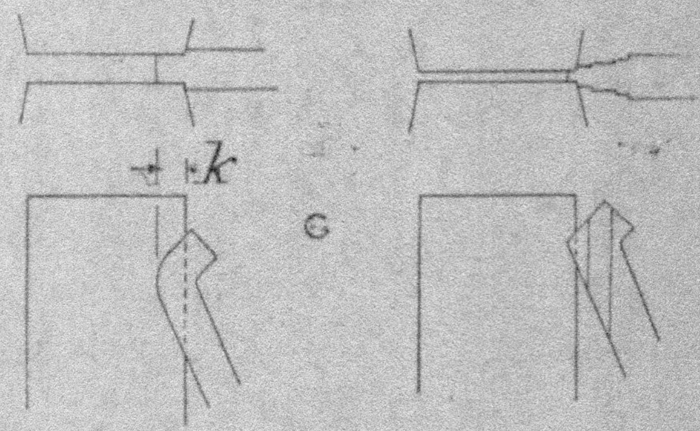

Fig. 167 à 170.

Répéter pour chaque outil les prescriptions ci-dessus.

Quand un barreau est retiré du four, le remplacer immédiatement par un autre.

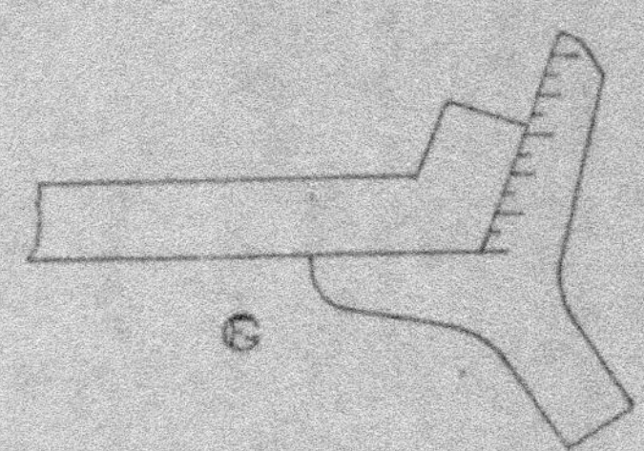

Fig. 171.

Matériel nécessaire : Étampe à couder,

Barre foulon,
Étampes.

Troisième opération : Terminer au calibre.

Préparation. — *a*) Placer l'outil dans le fourneau;

b) Chauffer lentement jusqu'à la chaleur du forgeage (1.000 degrés);

c) Avoir prêts tous les outils accessoires.

Parer, retraiter et couper le nez au calibre :

a) Retirer l'outil du fourneau ;

b) Marquer la hauteur *d*, du tableau, avec une pente de 20 degrés (fig. 172) ;

c) Couper grossièrement les biais, derrière et en bout, à

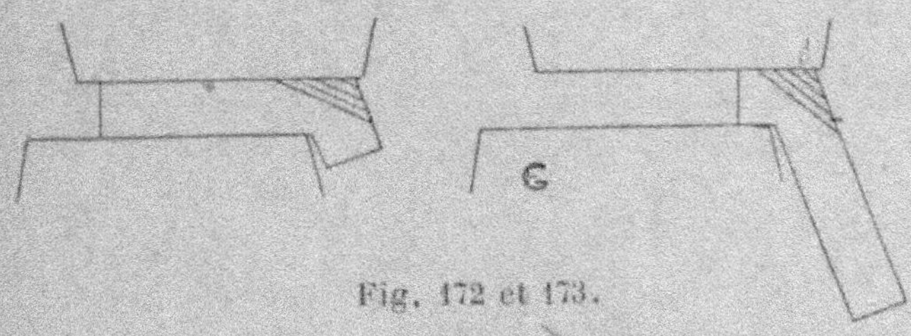

Fig. 172 et 173.

environ 3 millimètres plus loin que la hauteur après terminaison (fig. 173) ;

Le calibre donne la pente de 20 degrés et la mesure appropriée y est indiquée ; la tranche elle-même est chantournée au biais convenable et reçoit le choc d'un marteau à devant, car il faut aller aussi rapidement qu'exactement.

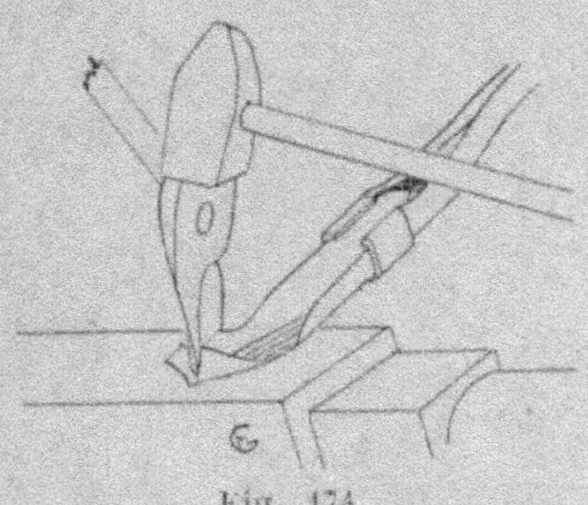

Fig. 174.

d) Parer le nez à la forme ; finir la coupe (fig. 174) ;

La tranche est ordinaire ; le nez doit être appliqué aussi approximativement que possible selon sa courbure propre ; on emploie un marteau à devant.

e) Retraiter à la jauge limite (fig. 175); garder bien droite la base de l'outil à façonner.

Pour les outils d'une dimension de plus de 25×35 de

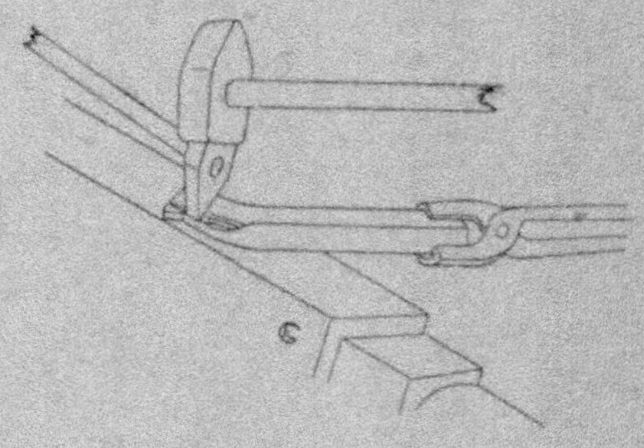

Fig. 175.

queue, tenir bien rigide cette queue sous le marteau à vapeur; ici la châsse d'aplatissage doit être légèrement inclinée, avec une jauge limite pour main droite ou pour main gauche selon le travail commandé.

f) Vérifier l'angle de dégagement *i*, ainsi que les pentes

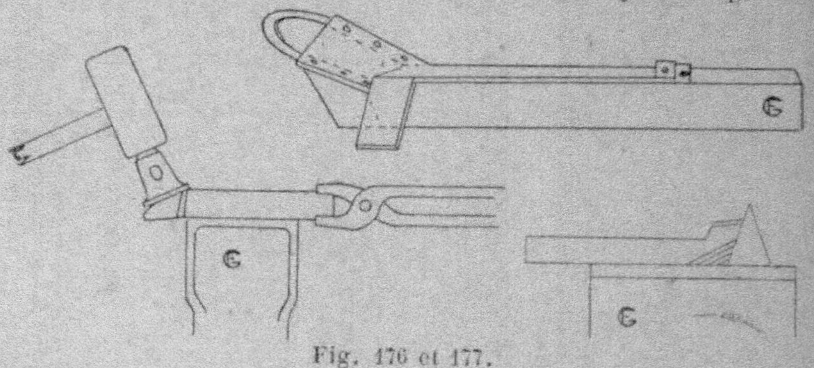

Fig. 176 et 177.

d'arrière et de côté avec les calibres de cône et de limite (fig. 176 et 177).

Répéter successivement pour tous les outils.

Quand un outil est retiré du four, le remplacer aussitôt par un autre.

Matériel nécessaire : Tranche droite,

Tranche chantournée,

Calibre limite à main droite,

— gauche,

— à 20 degrés de cône,

— de hauteur,

Marteau à devant,

Chasse à parer,

Tenailles.

Ainsi qu'il a été dit, on distribue à l'avance la carte d'instructions et tout l'outillage nécessaire à chaque ouvrier et pour chaque opération.

Traitement. — Les fours au pétrole sont agencés, d'autre part, avec tous les instruments de contrôle et dispositifs pour mesurer la chaleur relativement à la durée du chauffage. Le fourneau est donc construit de telle sorte qu'il soit capable d'engendrer et de maintenir une chaleur dépassant le point de fusion de l'acier rapide.

Des résultats uniformes ne sauraient être obtenus de la seule appréciation, par l'apparence, d'un outil qui est resté suffisamment dans le foyer; pour un barreau de dimensions et d'une espèce données, il y a naturellement une durée d'exposition toujours la même, pour arriver à la dureté requise, avec l'emploi d'un fourneau maintenant intense et constante la chaleur nécessaire; cela revient à dire qu'il convient de n'opérer la chauffe que sur des bases connues de temps, de masse et de température et, par suite, le besoin s'impose d'avoir des instruments de contrôle.

On sait que, pour donner de bons outils, l'acier rapide doit être préalablement chauffé lentement à 800 degrés, puis rapidement à une température très légèrement inférieure au point de fusion; dans chacun des deux fourneaux, les chaleurs sont maintenues constantes afin que pour chaque espèce d'outil d'une dimension donnée, on puisse prescrire la durée pendant laquelle l'outil sera soumis à telle ou telle température; dans ces conditions, les qualités de dureté seront conservées ou développées sans danger pour l'acier.

A cet effet, la température des fourneaux d'avant-chauffage est réglée à 800 degrés et, en outre, est continuellement mesurée par un pyromètre, type *Le Chatelier*, couplé à un indicateur disposé pour une lecture directe. La température reste constante en raison de ce que l'on peut proportionner la dépense d'huile et la fourniture d'air pour produire la chaleur convenable; c'est là un dispositif qui rend absolument impossible une surchauffe des outils au-dessus du point prévu.

Pour assurer la constance de la température des fourneaux à haute chauffe, on fait usage d'un télescope thermo-électrique *Féry*; ce type de pyromètre à radiation est susceptible d'indiquer le plus haute température à atteindre; on l'amène au foyer sur la flamme, au centre de la chambre de combustion; au moyen d'un câble jumelé, attaché au thermo-couple dans le télescope, on le jonctionne à un pyromètre-galvanomètre où la température est rapportée en degrés par un fil de raccord; on a donc ainsi un enregistrement perpétuel et automatique de la température dans le fourneau.

En plus des appareils et instruments pour régler et mesurer les températures de foyers, il y a une vérification des périodes de temps pendant lesquelles les outils resteront dans les fourneaux à haute chaleur; primitivement on se servait de guetteurs à arrêt; mais ils ne donnaient que peu de satisfaction, car il était à peu près impossible à un opérateur de manœuvrer le guetteur et les tenailles, puis, simultanément, de préparer un outil pour le traitement et d'en placer un dans le fourneau préchauffant; tout cela dépassait le temps nécessaire pour traiter un outil moyen; enfin il fallait un aide pour annoncer la période de chauffe.

Vinrent ensuite les sabliers, contenant diverses quantités de sable, qui astreignaient à laisser l'écoulement s'effectuer pendant tout le temps correspondant à celui qui était requis pour traiter un outil de dimension donnée. On objecta que, avec ce procédé, lorsque l'opérateur avait placé un outil dans le fourneau et, consécutivement, retourné le sablier, il prêtait ensuite toute son attention à la préparation des outils pour un traitement subséquent et oubliait fréquemment de surveiller le verre.

A la suite de ces essais, on adopta l'horomètre, instrument destiné à indiquer les périodes de temps de un quart de minute à 4 minutes trois quarts ; il est d'ailleurs construit tel que, en le réglant, chaque fraction entre les extrêmes soit obtenue ; ce dispositif est dénommé mesureur de chaleur par rapport au temps. C'est une sorte d'horloge consistant brièvement en une roue actionnée par un contrepoids ; la vitesse de la roue est contrôlée par un échappement qui, dans son mouvement, est réglé par les oscillations d'un pendule.

L'ensemble du dispositif est lancé par une poulie à corde ; enfin, lorsque le temps est écoulé, il fait automatiquement retentir un timbre ou un gong ; chaque phase entre les limites s'obtient en insérant un nombre correspondant de broches dans la jante de la roue et en ajustant d'une façon appropriée la position de la lentille du pendule.

En résumé l'instrument permet de connaitre l'exacte période de temps requise pour traiter chaque dimension d'outil et vice-versa ; par son emploi, un opérateur traite une moyenne de 40 outils par heure, avec la certitude d'arriver à des résultats absolument uniformes.

Trempe. — Le prompt refroidissement des aciers rapides, de la haute chaleur jusqu'à 800 degrés ou en dessous s'accomplit à l'aide d'un violent souffle d'air comprimé ; le matériel employé consiste en une table avec un écran en toile métallique, en un tuyau pouvant se balancer sur la surface entière de l'écran et en un bec ou buse de diffusion capable d'émettre un grand volume d'air, au moins suffisant pour enlever toute la chaleur.

Les outils sont partiellement protégés, sur le grillage, par un couvercle, afin d'éviter que la chaleur intense du fourneau à haute chauffe n'affecte directement aucune portion de l'outil en dehors du nez ; ce protecteur est en composition d'amiante, obtenue en mélangeant de longues fibres d'amiante avec de l'eau jusqu'à consistance du mastic de vitrier ; par revivification, ce mélange est susceptible de servir plusieurs fois.

Sur une sorte d'étagère à caissons, à proximité de la façade des fourneaux, on doit mettre de la scorie pulvérisée où l'on plonge le nez d'un outil quand il est transporté du préchauffage à la haute chauffe ; sous l'influence de la haute température, cette scorie forme un enduit protecteur contre la chaleur intense de ce dernier fourneau ; de cette façon les couches extérieures ne seront pas endommagées avant que la chaleur n'ait pénétré la masse entière du nez.

Technique de l'acier rapide. — Le traitement de l'acier rapide à la haute-chauffe consiste à :

1° Chauffer l'outil *lentement* à 800 degrés ;

2° Chauffer l'outil *rapidement* de cette température à juste en dessous du point de fusion ;

3° Refroidir l'outil *rapidement* de ce point jusque vers 850 degrés ;

4° Refroidir enfin, soit vite, soit lentement, de ce point jusqu'à la température de l'air.

Soit, en définitive : Avant-chauffage, haute-chauffe, refroidissement.

Avant-chauffage. — Disposer un certain nombre d'outils sur le foyer du fourneau préchauffant, avec leurs nez à une faible distance de la flamme, jusqu'à ce qu'ils soient bien réchauffés; on les retourne et on les avance progressivement vers la partie la plus chaude du fourneau, de façon à ce que le corps entier du nez soit lentement et uniformément amené à un brillant rouge-cerise; il faut y mettre suffisamment de temps pour que la chaleur pénètre bien au centre du nez et que l'on évite ainsi le danger de tapures par une chauffe trop rapide.

Simultanément, les outils étant remués sur le foyer, dans le feu et en avant du fourneau, d'autres outils sont placés sur le foyer afin que, pendant toute la durée de l'opération, il n'y ait aucun retard soit dans le réchauffage soit dans l'avant-chauffage.

Haute-chauffe. — Aussitôt que l'outil a atteint la température convenable par l'avant-chauffage, on le retire du premier fourneau et, comme il a été expliqué, le nez est plongé dans le bac à mâchefer et on transporte le tout au fourneau à haute chauffe.

Ce transfert demande à être exécuté vivement, pour que l'acier ne puisse rafraîchir à un degré notable.

Au moment où l'opérateur entre l'outil dans le second fourneau, il tire la corde de l'horomètre avec sa main libre et déclanche ainsi l'enregistreur de temps; l'acier demeure dans le four à haute chauffe jusqu'à ce que le timbre résonne; on le reprend aussitôt et on le porte à la claie refroidissante.

Pendant l'intérim que laisse la haute-chauffe, l'opérateur arrange ou surveille les outils dans l'avant-chauffage et en prépare d'autres pour le traitement.

Refroidissement. — Aussitôt que l'outil est déposé sur la toile métallique, on en soumet directement le nez à l'action d'un fort jet d'air comprimé pour qu'il refroidisse, d'abord et vivement, à une température d'environ 800 degrés au

plus; puis, selon la destination subséquente, on le laisse
refroidir jusqu'à la température extérieure après l'avoir retiré de la claie ; ainsi qu'il est signalé ci-avant, cette dernière
phase du traitement a lieu soit vivement soit lentement.

Les aciers, traités avec les soins décrits au cours de cet
exposé, gardent le grain fin et velouté qui constitue une
des caractéristiques physiques des bons aciers à outils à
grande vitesse ; ces méthodes sont, au surplus, également
efficaces pour n'importe quel outil devant travailler plus
spécialement l'acier, le fer, le bronze ou la fonte.

Des aciers traités à plus basse température, comme on le
pratique encore assez souvent, voient leurs qualités alté-
rées : il se développe un grain grossier et les couches extérieures de l'outil ont tendance à être endommagées ; cette
façon de procéder rend d'abord le nez impropre à finir le
travail ; les aciers sont aussi moins efficaces pour l'ébauchage, parce qu'il existe en ce cas des zônes qui s'émiettent
aisément sur le tranchant, ce qui provoque en fin de compte
une mise hors d'usage plus rapide de l'outil mal traité.

Meulage. — Dans l'emploi des aciers rapides, il est de
bonne pratique de choisir les machines à meuler avec des
soins spéciaux ; car, de même que la venue de ce nouveau
métal ou alliage a rendu indispensable le renforcement
général des tours, la manière de donner la pression à l'outil
en affutage n'est plus semblable aux procédés que l'on uti-
lisait pour d'autres genres d'acier.

C'est un résultat d'expérience que : les aciers à grande
vitesse sont facilement rendus impropres quand ils sont
surchauffés pendant l'opération du meulage, malgré la précaution de lancer continuellement sur le bec, lors de ce
travail, un puissant courant d'eau.

La détérioration des outils par le surchauffage au moment
de l'aiguisage est d'autant plus sérieuse qu'il n'y a pour

ainsi dire pas moyen de s'en apercevoir sur l'heure, et que ce n'est qu'ultérieurement, à l'emploi, que l'on constate leur état réel d'infériorité.

La pratique courante, qui consiste à assujettir étroitement un outil, dans une coulisse ou dans un porte-outil support, contre la roue d'émeri avec un écrou, est déplorable, ce qu'on appelle l'alimentation positive; en effet, peu de temps après le commencement du meulage, la surface de l'outil en contact avec celle de la meule se conforme exactement à celle-ci, de sorte que l'opération devient

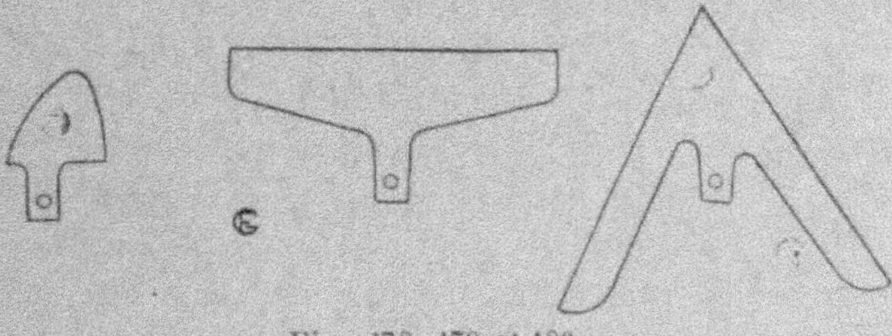

Fig. 178, 179 et 180.

extrêmement lente et que l'acier, par suite, est bien obligé de surchauffer.

Quant à l'action de l'eau, dont le rôle serait d'empêcher cette élévation de température locale, elle ne peut se produire en vertu du rapprochement intime dû à la pression; l'eau ne peut trouver son chemin entre la roue et l'outil et, par conséquent, ne saurait enlever l'excédent de chaleur née du frottement.

En second lieu, la sélection des machines à meuler doit être basée sur la reproduction uniforme et le maintien des formes étalons adoptées pour le tranchant; la meilleure méthode est, naturellement, de meuler sur gabarits tant au poste central, au début, que pour l'entretien courant; les jauges pour outils et ces outils eux-mêmes se correspondent (fig. 178, 179 et 180).

Les arsenaux intéressés, dans le Département naval des États-Unis, emploient une quarantaine de formes variées d'outils ; on a vu plus haut qu'ils sont différenciés par des symboles relatant leur classe, leur forme, la forme du tranchant, droit ou penché, ou encore la main ; cela facilite le choix et la manipulation tant au poste central que dans les succursales.

Chaque demande spécifie donc ainsi la dimension et le genre d'outil dont on a besoin ; en outre et parallèlement, le matériel accessoire est repéré aux mêmes symboles : poinçons, étampes, tranches, gabarits, cartes d'exécution, etc., de sorte qu'en définitive, il n'y a guère d'erreur possible.

Essais physiques. — Pour procéder aux essais, un tour extra-puissant a été installé et muni d'organes spéciaux dans le détail desquels nous ne pouvons entrer ; il suffit de savoir que les vitesses à obtenir ont fait l'objet d'une grande attention, tout autant que le choix des pièces à y expérimenter ; elles ont ordinairement 0m.500 de diamètre sur 3 mètres de longueur et leurs caractéristiques physiques sont parfaitement connues.

Il est, bien entendu, extrêmement important en cette circonstance d'accomplir le travail sur une machine capable de faire la passe désirée sans variation dans les vitesses établies ; l'uniformité dans la vitesse de coupe ainsi que dans la qualité du métal enlevé permet, par conséquent, de conduire les essais physiques avec le maximum de précision.

Essais chimiques. — On fait des prélèvements sur des pièces d'essai, fournies avec les divers lots d'acier, et on les analyse au laboratoire officiel ; les tolérances sont d'ailleurs consignées dans les spécifications d'achat ; de temps en temps on confie des analyses de contrôle à d'autres chimistes, pour corroborer les résultats courants.

Outils usagés. — Quand les outils sont devenus trop courts à la suite de plusieurs réfections et que leurs dimensions permettent cependant une nouvelle utilisation, on les forge et on les étire aux marteaux à vapeur de manière à en confectionner à des mesures moindres; il va sans dire que ce travail n'a lieu que lorsque les marteaux à vapeur n'ont pas d'autre besogne plus urgente.

Spécialisation du travail. — Dans un atelier de machines, auquel on veut assurer le plus grand rendement possible, il y a deux facteurs essentiels à considérer soigneusement; d'abord les machines-outils doivent fonctionner à leurs plus hautes vitesses pour donner toute leur capacité; ensuite il y a intérêt à les faire marcher d'une façon continue et sans à-coups, de manière à leur éviter des arrêts plus ou moins longs.

Sur le premier point le lecteur trouvera des indications aux chapitres correspondants de ce Manuel; quant à l'autre, la méthode précédemment exposée permet à tout ouvrier, sitôt un outil usé ou même avarié, de le remplacer sans perte de temps par un tout semblable, puisé au stock.

Autrefois, quelle que soit la branche mécanique où il était occupé, l'ouvrier était tenu de préparer son outillage et les inconvénients de ce système ont été signalés; ici la confection des aciers rapides a fait surgir une classe spéciale de travail; chaque atelier secondaire correspondant au poste central n'a besoin que d'une meule, qui est un fac-simile de celle de ce poste et qui est pourvue des mêmes gabarits et accessoires que lui; la reproduction absolue des formes prescrites en découle par conséquent.

De plus le meulage ne se fait pas en plein atelier : il existe, à l'outillage, un réduit à ce destiné; quand un tourneur veut remplacer un outil, il le remet à un employé ou pointeau désigné pour cette fonction de vérificateur et de messager; c'est celui-ci qui se charge du reste dans le moindre délai possible ; il n'y a donc plus guère qu'un démontage et un montage rapides.

Aciers à outils au carbone. — Ces procédés, imaginés d'abord pour l'acier rapide, ont eu leur répercussion sur l'achat, la fabrication et l'entretien des outils en acier ordinaire ; on leur a appliqué des méthodes similaires, mais il est entendu que les appareils ont été modifiés en conséquence, particulièrement pour l'obtention de températures modérées et pour la trempe ou le revenu.

CHAPITRE XIV

RENVOI DE MOUVEMENT

Il faut choisir l'emplacement d'un tour, dans l'atelier, de façon à ce qu'il soit éclairé le mieux possible ; c'est la principale condition pour que le travail soit précis et rapide, surtout quand il s'agit d'alésages.

Il est essentiel, au surplus, que la machine possède une fixité absolue dans le sol ou sur le parquet et qu'elle soit parfaitement de niveau, cette dernière prescription facilitant une foule de vérifications.

De cette installation dépendra donc l'installation de la *transmission intermédiaire* qui commande le cône étagé de la broche (fig. 181 et suivantes) (sauf dans les tours monopoulie) ; il est nécessaire d'astreindre ce renvoi à correspondre au meilleur emplacement pour le tour et non pas, au contraire, de faire dépendre celui-ci du plus ou moins de commodité de suspension du renvoi.

Le renvoi reçoit le mouvement de la transmission générale par deux courroies : l'une droite et l'autre croisée ; par conséquent le sens de la rotation de l'axe sera inversé suivant que l'une ou l'autre des courroies attaque ledit axe; il est bien entendu qu'elles n'agissent jamais ensemble.

A cet effet, dans les renvois à simple vitesse (fig. 182), il y a trois poulies disposées sur l'arbre intermédiaire ; celle du milieu seule est fixe; les autres sont folles et ont une largeur au moins double de la courroie ; on peut donc, de la sorte, soit conduire la poulie fixe par la courroie droite, ou par la courroie croisée, en même temps que l'on amène

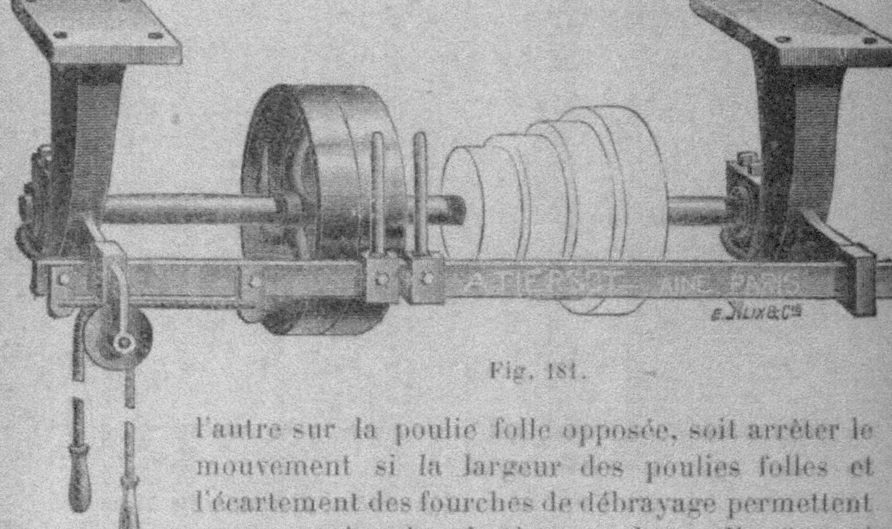

Fig. 181.

l'autre sur la poulie folle opposée, soit arrêter le mouvement si la largeur des poulies folles et l'écartement des fourches de débrayage permettent aux courroies de n'embrasser la poulie fixe ni l'une ni l'autre.

Sur l'axe est calé un cône à gradins identique la plupart du temps à celui de la broche; l'arbre tourne dans des paliers qu'il est recommandé de choisir avec une bonne lubrification; sur ces paliers ou consoles on fixe le débrayage à fourches de diverses manières, en ayant soin de prévoir des butées ou des taquets d'arrêt limite.

Mais la manœuvre de la tringle de débrayage doit être renvoyée à portée du tourneur, par chaines ou cordes et

poulies, balancier, etc., de façon à ce qu'il ne puisse
jamais se tromper sur le sens de marche.

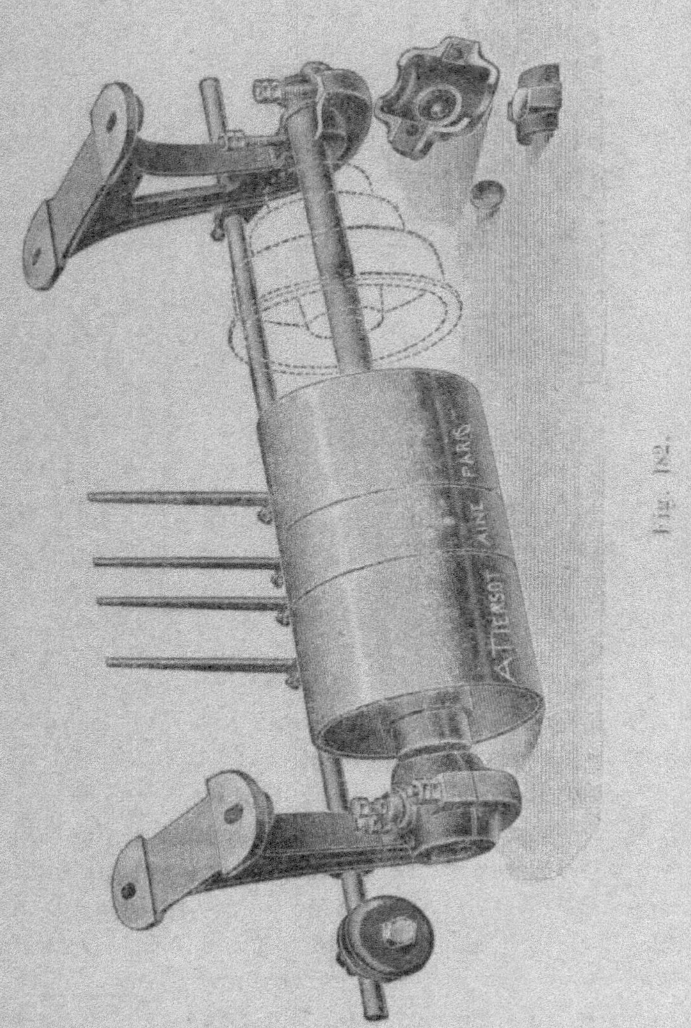

Fig. 182.

Il existe d'autres paliers, chaisés ou consoles pour
renvoi de tour, tel celui à arcade (fig. 183 à 184), qui est

plus simple, puisque le mouvement n'y est donné que par une seule courroie.

De même, dans les transmissions intermédiaires à deux ou trois vitesses (fig. 185), il n'y a ordinairement qu'un sens de rotation à l'aide de deux courroies qui, en ce cas, sont du même genre; d'ailleurs rien n'empêche de chercher des combinaisons multiples en augmentant le nombre des poulies.

Fig. 183.

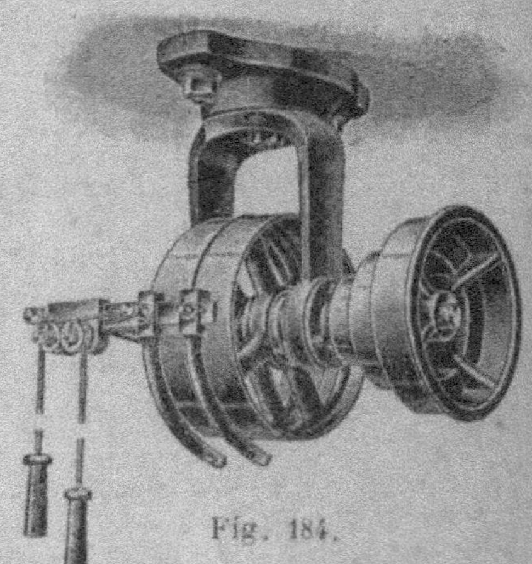

Fig. 184.

Ainsi, par exemple, la courroie passant sur les grandes poulies peut être croisée et on n'obtiendra alors qu'une seule vitesse et qu'un seul sens de rotation, la série des vitesses nécessaires étant complétée sur le tour même; la courroie droite embrassera en ce cas les petites poulies, de façon à obtenir plus de rapidité dans le sens du retour du chariot en arrière, etc., etc.

Il est à recommander, au point de vue de l'organisation d'ensemble d'un atelier, de mettre à la disposition du tourneur des armoires, des tableaux d'accrochage pour les

accessoires et même des étagères mobiles (fig. 186), l'ordre
étant le commencement de l'économie ; enfin, avec les

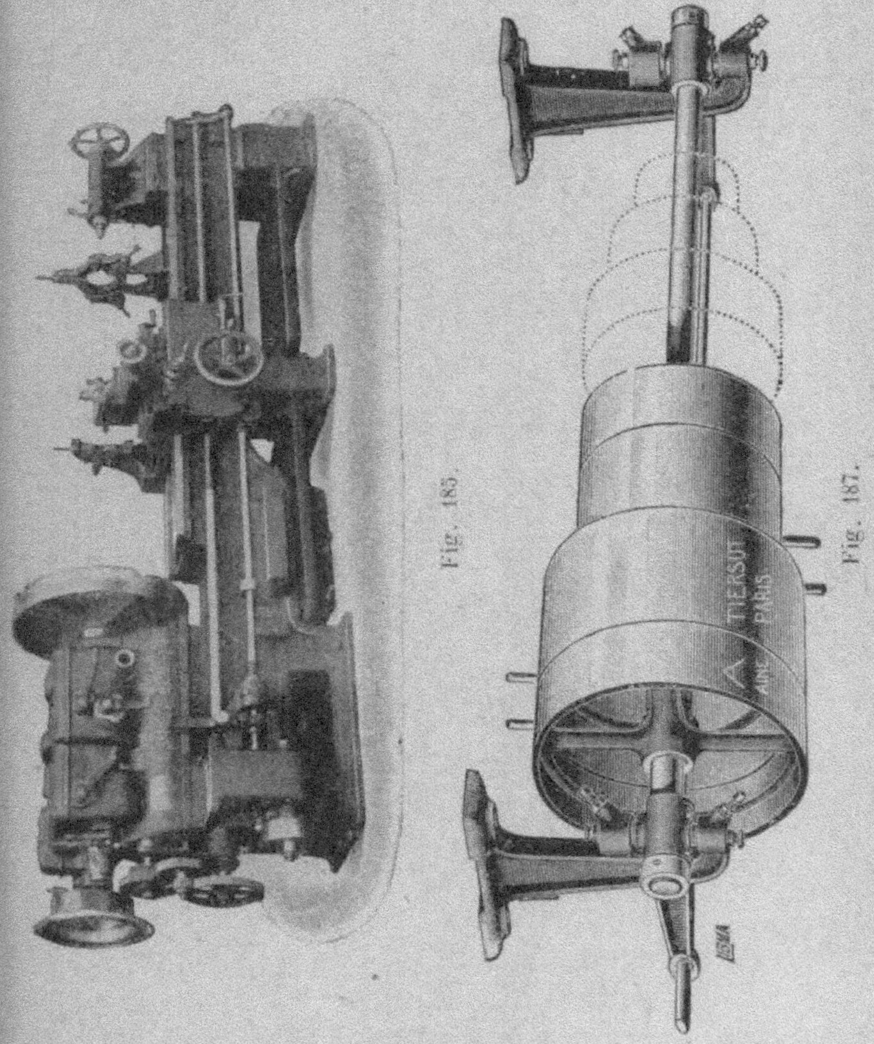

tours puissants on se trouvera bien de la prévision d'appareils de levage proportionnés (fig. 187, type monopoulie,
extrêmement intéressant).

Fig. 186.

CHAPITRE XV

ACCESSOIRES DU TOUR

Porte-outil. — En principe, un *porte-outil* peut être considéré simplement comme un manche sur lequel on fixe ou on serre énergiquement le bout d'acier confectionné selon les indications d'un précédent paragraphe.

Par suite, un porte-outil recevra toute une série de burins de même section sans qu'il soit nécessaire de

Fig. 188 à 190.

démonter aucun organe du chariot une fois réglé; il en résulte donc une économie appréciable de matière et de temps, puisque cet accessoire remplace la même série d'outils forgés.

La première condition à laquelle il doit satisfaire est d'être extrêmement robuste et d'une rigidité exceptionnelle; il faut encore que, par sa disposition, il soit appli-

cable au plus grand nombre possible de travaux et que le
système de fixation soit facilement remplaçable après
usure.

On trouve sur le marché divers modèles bien compris ;

Fig. 191.

toutefois la simplicité de cet appareil permet de le confectionner, au besoin, selon les nécessités locales et par les
moyens du bord.

Les plus connus (fig. 188 à 192) sont les *porte-outils américains* droits ou renvoyés, droite ou gauche ; ils consis-
tent en une pièce rectangulaire en acier forgé ou étampé,
cémenté, trempé et rectifié dont les faces sont dressées ; à

Fig. 192.

l'une de ses extrémités, il comporte une tête percée d'un
trou carré ou rectangulaire, dans lequel s'adapte le morceau d'acier constituant le burin de tour ; une forte vis
avec tête de manœuvre permet de compléter le serrage.

Un second type (fig. 193 et 194) de porte-outil en plusieurs parties consiste en un corps, susceptible de prendre
diverses inclinaisons et terminé par une tête fixe de la
forme représentée ; cette tête est percée d'un trou parfaitement alésé prolongé par une fente ; il reçoit des douilles
brisées en acier, correspondant à l'élasticité que l'on juge

nécessaire, ou encore une broche pleine si l'on désire qu'il
ne possède aucune flexibilité.

Une tête mobile se monte dans un second trou, dont

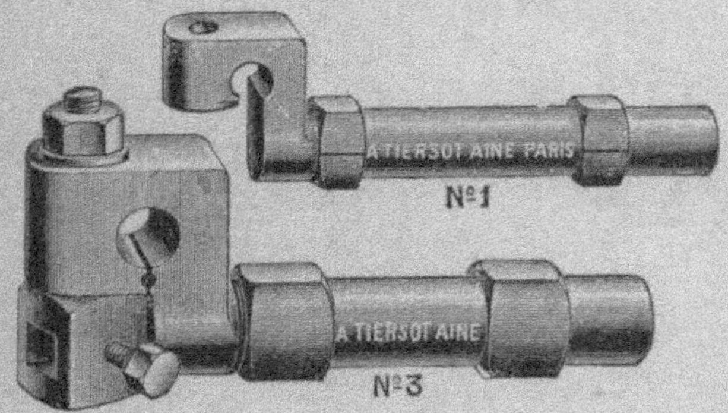

Fig. 193 et 194.

l'axe est dans un plan perpendiculaire au premier, au moyen
d'une queue avec rondelle et écrou; c'est dans le trou carré
de la tête mobile que l'on serre les outils ordinaires.

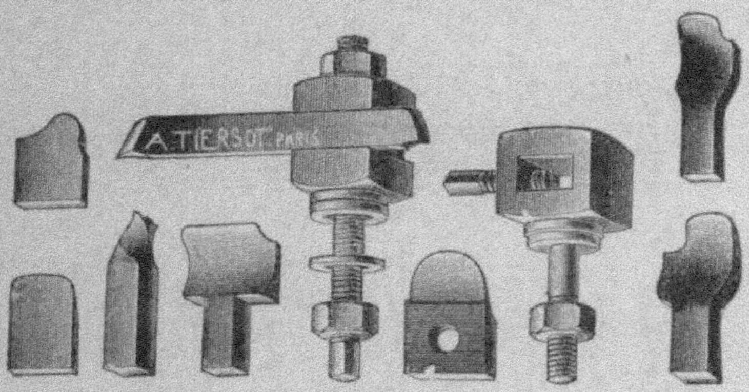

Fig. 195 à 203.

Quant aux outils de forme, ils nécessitent une tête
mobile à cage rectangulaire (fig. 195 à 203); cependant, au
lieu de la cage, on peut quelquefois serrer la lame directement par un boulon sur la tête fixe.

Pour des montages spéciaux, on emploie encore la disposition (fig. 195) où l'outil est serré entre mâchoires par une entretoise filetée, dont la partie supérieure est entrée dans la tête fixe et assujettie à contre-serrage par rondelles et écrous.

Dans le porte-outil ci-contre (fig. 204 et 205), le corps

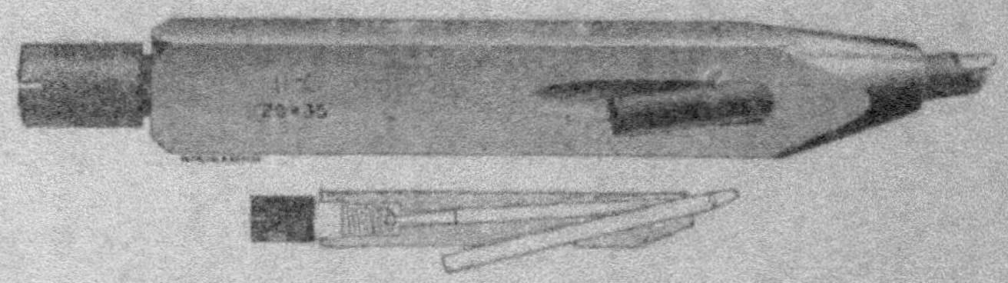

Fig. 204 et 205.

est à section carrée ; il se termine par une partie tournée conique et à axe biais ; il est percé de deux trous concourants ; dans l'un d'eux passe l'outil et, dans l'autre, un coin de serrage articulé.

L'extrémité de droite se termine en chanfrein aigu tandis que, à gauche, on opère le serrage par une mollette faisant

Fig. 206.

corps avec la vis intérieure ; dans ce mouvement, le coin prend automatiquement la position convenant au meilleur serrage. On remarquera qu'il ne présente aucune partie saillante susceptible de gêner soit le travail, soit le serrage sur le chariot.

Un autre genre de porte-outil, formé d'une seule pièce d'acier (fig. 206) sans aucune adjonction de vis ou de boulons, est d'une disposition basée sur l'élasticité du métal ; le barreau dont est formé l'outil se place simplement dans

une fente oblique latérale ; vers le milieu un trou permet
d'écarter légèrement les pinces, pour loger ou retirer ce
barreau et, en bout, le porte-outil est façonné pour un
dégagement commode du copeau.

On l'installe à hauteur convenable et, en serrant à bloc
la plaque supérieure du chariot du tour, on empêche absolument tout mouvement de l'outil ; il est à remarquer que,
en général, on supprime le forgeage par l'emploi de ces

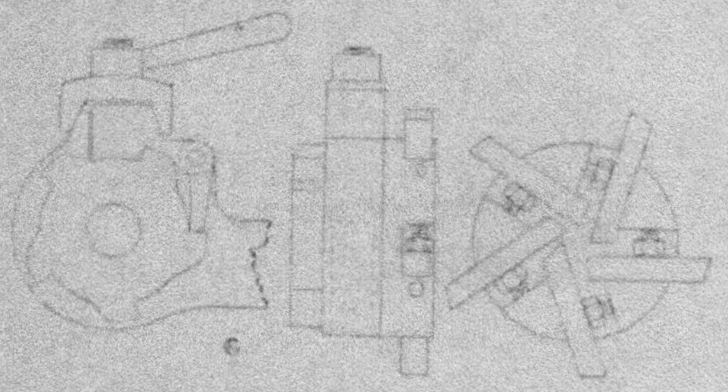

Fig. 207, 208 et 209.

accessoires ou similaires, et qu'il suffit dès lors de meuler
des bouts d'acier sur gabarits.

Il existe enfin (fig. 207, 208 et 209) un porte-outil pour la
série des cinq lames les plus habituellement employées
dans le tournage ; le corps, qui est maintenu sur le chariot
à plaque, se termine par une tête à axe horizontal fendue
vers le haut ; dans l'alésage de la tête passe une pièce portant, à droite et à gauche, deux disques dont le champ est
taillé en forme de rochet denté ; un cliquet s'engage dans
les dents du disque de gauche ; on rapproche et on bloque,
dans le haut, les deux parties de la tête par une manette et
un chapeau à chanfrein.

Les outils se fixent sur le disque de droite, en prolongement de la queue du porte-outil ; à cet effet ils s'appuient
sur cinq encoches pratiquées sur le champ du disque, et
on les serre en *dévissant* une vis correspondante à tête
carrée.

Le rôle du cliquet est, par conséquent, de régler la position de l'outil et de contrebuter la poussée qu'il éprouve lors d'une passe.

Mandrins. — Les *mandrins* de tour sont des porte-

Fig. 210.

outils ou des supports de pièces dont le serrage est concentrique ; ils affectent des formes et des dispositifs variés à l'infini, afin de se plier aux nécessités du travail ; on ne

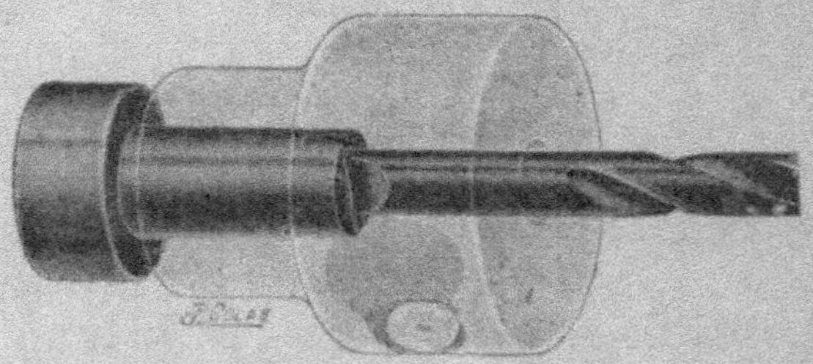

Fig. 211.

peut donc que donner un aperçu rapide de ceux dont l'emploi est le plus courant.

Pour les petites pièces, on fait usage d'un *mandrin à pinces* (fig. 32), qui passe dans le centre évidé des tours parallèles ; la pince extensible se fait aussi à gradins intérieurs ou extérieurs ; quelquefois on a un jeu de pinces aux diamètres de 2 à 8 millimètres qui se serrent dans un mandrin porte-pinces fixé sur le nez de la broche ou le plateau du tour.

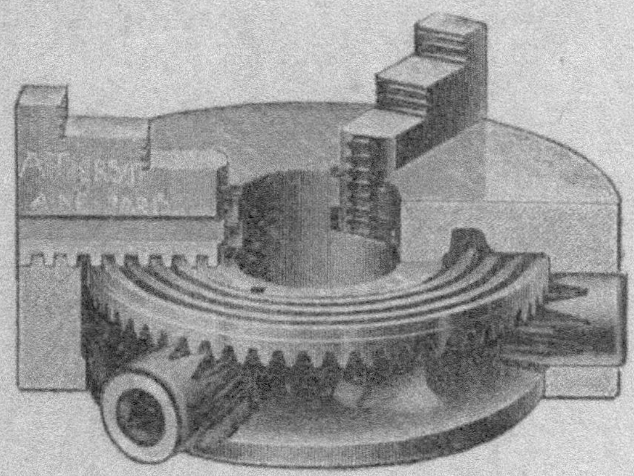

Fig. 212.

Soit pour recevoir des mèches, soit pour supporter des pièces, on trouve des mandrins qui se centrent automati-

Fig. 213.

quement par la manœuvre d'une seule clé (fig. 210 à 213) ou par la rotation à la main d'un fourreau extérieur (fig. 214); presque tous sont à filets ou couronne en spi-

rale, qui donnent un serrage précis et très puissant ; il s'en
rencontre d'assez grand diamètre qui constituent de véri-

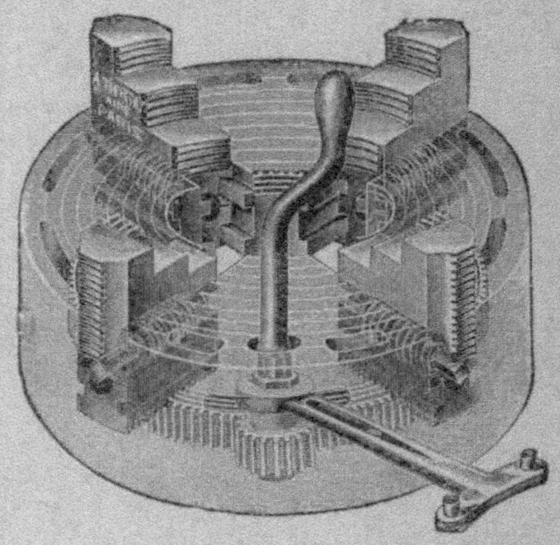

Fig. 214.

tables *plateaux* universels, avec l'avantage en plus que le
centrage et la fixation sont instantanés.

Poupées à pompe. — Ainsi qu'on l'a vu au chapitre
« Tours à engrenages », ces poupées ou *griffes* servent à
tenir les pièces sur le plateau à trous (fig. 215, 216, 217).

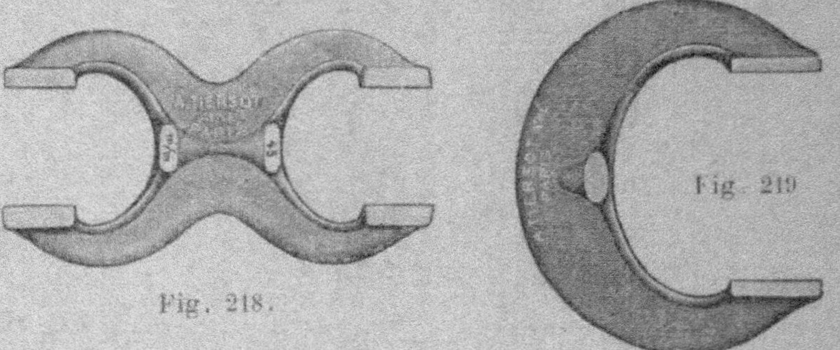

Fig. 218.

Fig. 219

Calibres. — Les calibres de tolérance (fig. 219, 219
et 220) sont ordinairement livrés bruts, en aciers que l'on

Fig 215

Fig 216.

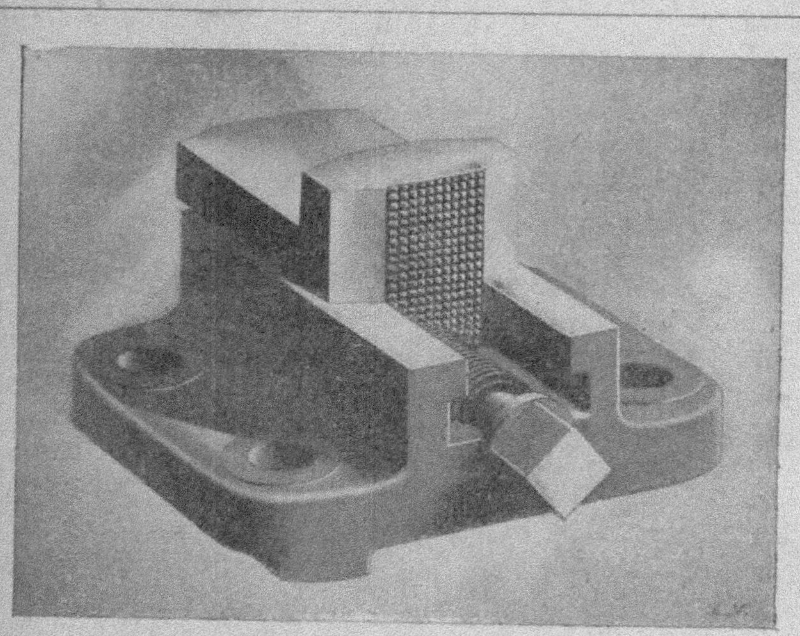

Fig. 217.

cémente à l'atelier après qu'ils ont été préparés aux dimensions limites ; on les fait mâles ou femelles (1).

Il n'en est pas de même des *bagues* et des *tampons* (fig. 221), avec lesquels on vérifie la précision du tournage

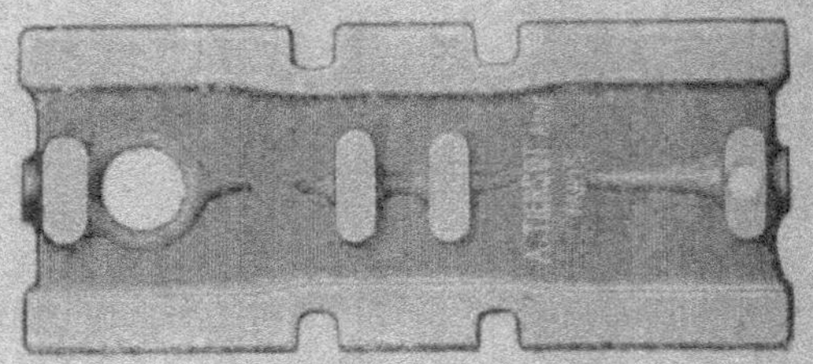

Fig. 220

à 2 millièmes de millimètre ; ceux-là sont en acier fondu de première qualité et sont livrés trempés, rectifiés et inattaquables à la lime ; lors de leur rectification, on constate l'exactitude et l'égalité de la forme cylindrique

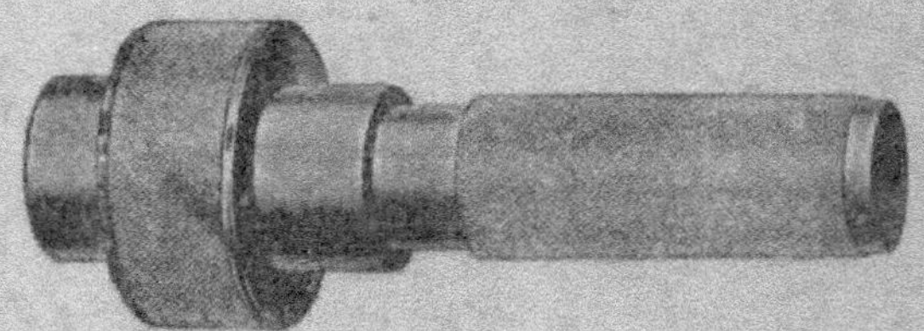

Fig. 221.

au moyen de dispositifs permettant d'estimer, de façon agrandie, le I dix-millième de millimètre (2).

Les calibres de filetage (fig. 221 modifiée) demandent également une exactitude que l'on n'atteint néanmoins que beaucoup plus difficilement (filets de l'écrou) ; aussi est-il à conseiller, à cet égard, de se fournir exclusivement dans des maisons spéciales et réputées pour l'honnêteté de leur fabrication minutieuse.

(1) Voir *Manuel de l'Ouvrier-Mécanicien*, t. 2.
(2) Reste à ne pas omettre l'influence de la température.

Équerres de montage. — Elles sont destinées (fig. 222) à aider à la fixation des pièces soit sur le plateau, soit sur

Fig. 222

le chariot, plus rarement sur le banc, et il n'y a guère à signaler à ce sujet que de dresser bien proprement leurs surfaces extérieures.

Appareils à fraiser, Fraisage sur le tour. — On ne

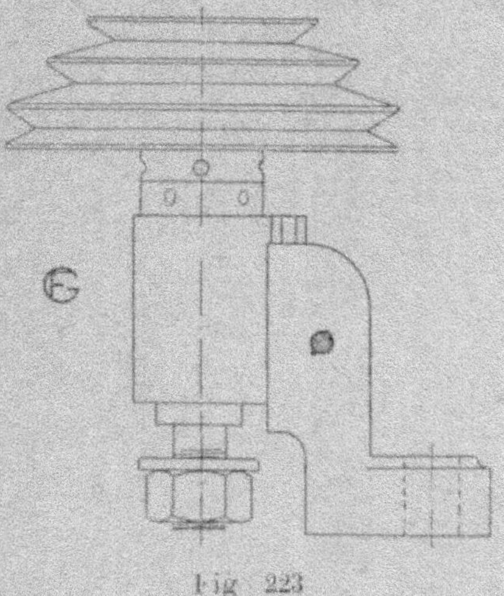

Fig. 223

peut obtenir, en général, qu'un fraisage simple avec ces outils constituant plutôt une application complémentaire du Tour : rainures, crémaillères, roues dentées droites, dentures hélicoïdales, etc. ; ils se montent sur le chariot du tour, à l'instar de la tourelle.

Le moins compliqué de tous (fig. 223) comprend un support en équerre, avec trou vertical pour la fixation et coulisse avec vis ou boulon de retenue pour l'arbre mobile porte-fraise ; celui-ci est donc guidé dans une assez longue portée et se règle à la hauteur voulue.

Dans le haut, l'arbre est pourvu d'un cône à gorges et, dans le bas, d'une rondelle et d'un écrou serrant la fraise en place ; le mouvement est donné par un dispositif quelconque de renvoi ; le déplacement de la fraise s'obtient, bien entendu, par celui du chariot.

On adjoint, dans la plupart des cas, un appareil diviseur à vis sans fin, ou tout autre, à l'outil précédent ; celui-ci, dont nous n'avons montré que le principe, est en effet susceptible de se compliquer en le disposant soit pour effectuer un seul déplacement angulaire, soit pour être mobile en tous sens ; il devient ainsi un outil universel à fraiser.

CHAPITRE XVI

TOUR-REVOLVER

Conçus avec tous les perfectionnements de l'industrie moderne, et comme objectif, une production intensive, les machines outils à décolleter et les *tours-revolvers* sont les

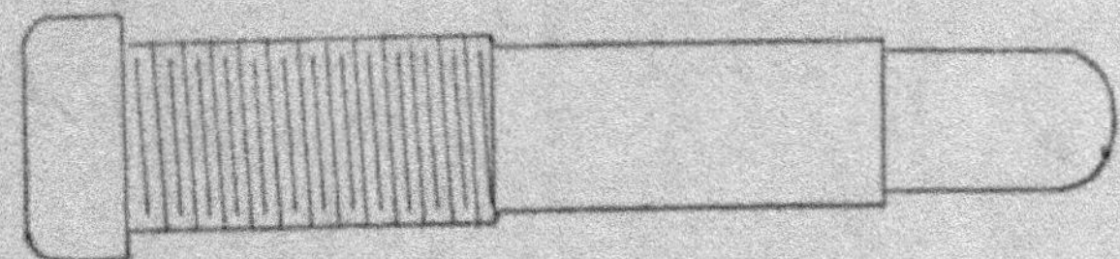

Fig. 224.

plus intéressants de tous les engins mécaniques à œuvrer les métaux, eu égard à la variété des travaux qu'ils mènent à bien et à l'économie qu'ils procurent.

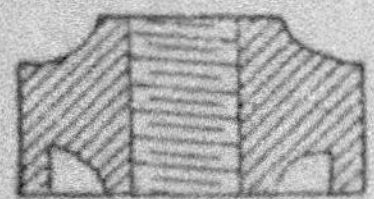

Fig. 225.

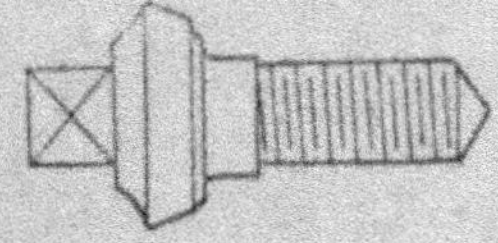

Fig. 226.

Ils ne nécessitent qu'un outillage simple, ils sont faciles à entretenir et leur capacité de travail n'est atteinte par aucune autre combinaison, celle-ci étant même dirigée par un très bon opérateur. Ils fabriquent aisément tous les profils ci-dessous (fig, 224 à 229).

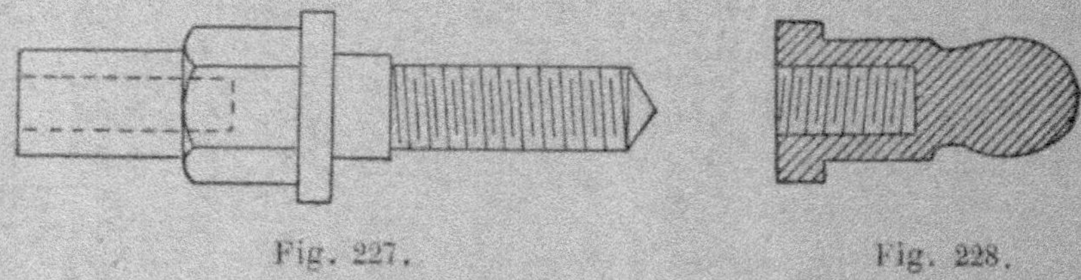

Fig. 227.   Fig. 228.

Le tour-revolver se compose d'un banc, d'une poupée fixe (fig. 230) et de un ou deux chariots (fig. 231) dont l'un porte-tourelle où se fixent un certain nombre d'outils.

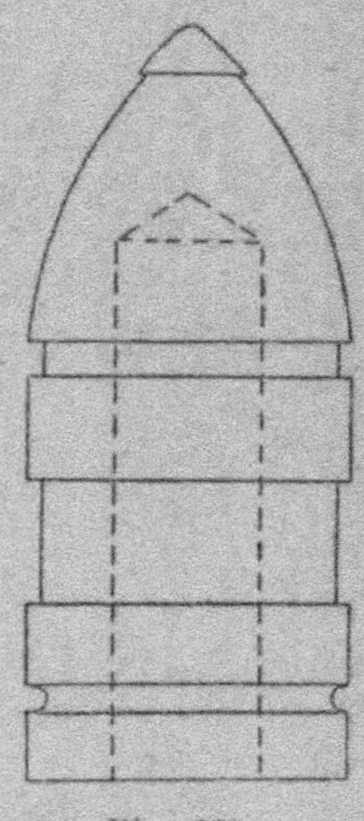

Fig. 229.

La poupée est munie de tous les organes nécessaires à un fonctionnement sans erreur et à l'obtention d'un assez grand nombre de vitesses ; il n'est pas besoin d'arrêter la machine pour passer de l'une à l'autre, les transmissions se faisant de préférence, dans les modèles récents, par embrayage à friction.

La broche est forée en son centre, de manière à recevoir des barres de toutes longueurs à l'intérieur; enfin elle est pourvue de dispositifs, des mandrins concentriques entre autres, pour serrer fortement ces barres.

La tourelle (fig. 232 à 241) est à pivot et le milieu de sa

Fig. 230.

hauteur est ordinairement dégagé pour laisser les barres la traverser diamétralement; un levier est installé à l'avant de la tourelle et on bloque celle-ci sur le chariot en le poussant dans un sens, tandis que, si on pousse le levier en sens inverse, on délivre la tourelle et on la soulève simultanément et légèrement des surfaces en contact.

On rend fixe, en outre, la tourelle au moyen d'un verrou de calage, sorte de bouchon conique pénétrant sous la tourelle dans des ouvertures de même forme.

Les outils sont fixés sur les pans ou sur la surface cylindrique de la tourelle, selon le goût des constructeurs; ils
doivent être montés avec une correction absolue; l'avance
automatique se pratique comme dans les chariots des tours
parallèles, mais de plus elle doit pouvoir être arrêtée ins-

Fig. 231.

tantanément; l'arrêt automatique se fait avec des tringles
de butée en nombre égal à celui des outils; ces tringles
débrayent à n'importe quel endroit lors de l'avance.

Les mouvements sont combinés de manière à ce que
l'ouvrier n'en puisse engager, toujours, qu'un seul à la
fois à l'exclusion des autres; il n'y a donc aucun risque
d'accident.

On peut successivement exécuter les opérations ci-après
avec ce tour, sans déplacement des barres ou des pièces à

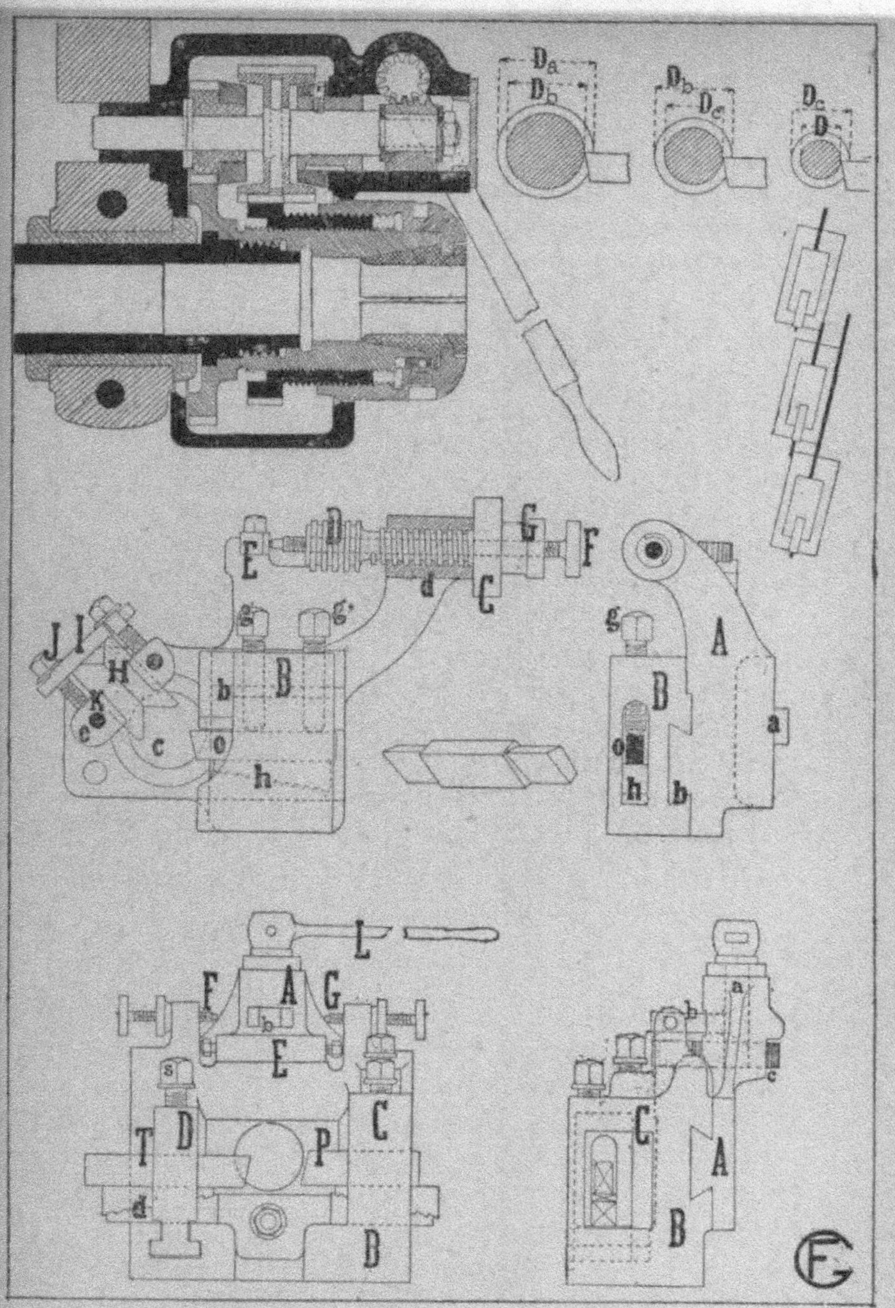

Fig. 232 à 241.

travailler ; ce sont des travaux qui, autrement, se feraient sur des machines indépendantes : tournage proprement dit, amorçage, dégrossissage, finissage, perçage ; dégrossissage sur gabarits, tournage avec outil de forme, filetage, tronçonnage, etc., etc.

Du fait que l'objet à façonner est généralement obtenu à même la masse d'une barre brute, c'est-à-dire de toute sa longueur et quelle que soit la matière (bronze, fer ou acier), il est bon d'orienter tout d'abord le tour d'une façon propice par rapport à la configuration générale de l'atelier, soit de telle façon que la barre passe derrière le tour voisin.

En se conformant au schéma ci-contre (fig. 256), on voit sans autre explication qu'on est susceptible de gagner un espace considérable en plaçant le tour de biais et que l'on facilite ainsi beaucoup, par cette disposition, la manœuvre de la barre sans gêne pour les ouvriers voisins ; le renvoi est simplement un peu oblique, par rapport à la transmission générale, mais cela n'a aucune importance.

L'outil dont on fait usage pour le dégrossissage et le tournage est simple de forme et facile à confectionner ou à affûter (fig. 238) ; on le fait, au surplus, symétrique lorsqu'on désire qu'il travaille dans les deux sens, c'est-à-dire si la longueur de la pièce nécessite cette disposition.

A cause de l'effort que ce burin exerce vers l'objet, on installe une glissière inébranlable vis-à-vis de lui et, de plus, on règle sa course en considérant l'épaisseur de la passe dont le schéma est donné par les figures 231 à 235.

Sur les pans de la tourelle, on monte le porte-outil **A** au moyen de boulons ; un épaulement *a*, correspondant à un évidement de la tourelle, en assure la position invariable ; ce porte-outil est à glissières horizontales *b* et percé d'une ouverture *c* pour le passage de la barre ; son corps est en fonte et comprend également un support *d* et deux forts bossages *e*, *e'*.

Dans les glissières en chanfrein *b*, peut voyager un étrier **B** taillé dans un bloc d'acier; on le met en mouvement par le bouton *c* qui se continue par une vis tournant dans le support *d*, après lequel est une sorte de crémaillère **D**, actionnant un petit arbre par lequel le renvoi se fait au chariot **B**; en manœuvrant **C** et sa vis, il y a un déplacement, dans le sens convenable, qui pousse et la crémaillère et le porte-outil *dans la même direction*; le diamètre limite se règle ainsi facilement.

A cet effet, il existe une butée fixe **E**, retenue en place par des prisonniers, et une butée réglable **F**, formée d'un bouton et d'une vis traversant tout le centre de **D**, avec contre-écrou **G**; il est ainsi permis de reculer le burin (pendant le retour) sans que sa trace se sillonne selon une génératrice, et d'avoir la certitude de le ramener dans la même position pour le travail d'une autre pièce.

Le burin **O** est solidement maintenu en place par deux vis de calage *g*, *g'* et un coin réglable en hauteur *h*; une fois ce réglage opéré, cette hauteur restera donc invariable pour tous les diamètres.

A l'autre extrémité du diamètre, par rapport à l'outil et dans une position parallèle à la sienne, la pièce est fortement butée par deux touches en acier **H**, **H'**, mobiles dans des rainures de *e*, *e'*, taillées en onglets différents (variables avec les diamètres); ces touches sont réglées de position par un étrier **I** faisant charnière autour de l'une des vis **J** et pouvant de la sorte découvrir les touches **H**, **H'**.

Les touches, enfin, sont rendues immobiles par deux vis à violon **K**, **K'**; pendant le mouvement, elles se comportent ainsi un peu comme brunissoirs; leur solidité est suffisante, dans les plus grosses machines, pour soutenir des passes exceptionnellement fortes.

Sur un autre pan de la tourelle, on monte un chariot servant soit au tronçonnage, soit, auparavant, à profiler selon des outils de forme; le chariot de tronçonnage est, dans ces deux buts, muni de deux porte-burins mobiles et coulisse dans une glissière à onglets, grâce à laquelle l'une ou l'autre vient en prise avec le métal.

La partie fixe **A** est boulonnée sur la tourelle, par le même ergot de repère que le porte-burin; elle est percée vers son milieu d'une ouverture pour la barre et elle est surmontée d'un bossage vertical, que traverse un axe a manœuvré par un levier assez long **L**; fixés à demeure sur a, il existe un bras b et une roue dentée c, dont nous expliquerons la destination.

La partie mobile **B**, voyageant horizontalement sur **A** par sa partie postérieure pour mettre en contact tantôt l'un, tantôt l'autre des outils, a l'aspect général d'un angle rentrant à trois plans; la borne fixe de droite **C** reçoit l'outil à profiler **P**, de forme plus ou moins compliquée et maintenu par deux vis et par cale à coins dentés; le burin à tronçonner **T** est porté par une borne **D**, mobile parallèlement à l'axe de la pièce sur tour et pouvant être fixée invariablement dans sa rainure inférieure par une cale conique à dents d et une vis s.

Dans le haut de **B** existe le dispositif de réglage, comportant une crémaillère **E**, mue par **L** et c, et deux butées **F**, **G**, servant de tocs à b; **F** et **G** sont de simples vis avec têtes et contre-écrous molletés; on saisit donc les mouvements qui vont s'opérer par la manœuvre initiale de **L** dans un sens ou dans l'autre : la pièce étant profilée avec **P**, on la sectionne ensuite avec **T** qui vient très près du mandrin de la poupée fixe.

S'il est nécessaire, on garnit le trou de la tourelle de buselures soutenant énergiquement l'objet façonné.

Pour exécuter des filets de vis, à l'extérieur, on emploie un cinquième porte-outil appelé filière à déclanchement automatique; on peut aussi se servir d'un peigne considéré comme outil de forme et monté sur un des porte-outils précédents.

Les coussinets, saillants sur leurs mordaches afin d'atteindre l'embase même de la pièce à fileter, sont automatiquement mobiles et s'ouvrent lorsque cette pièce rencontre une butée intérieure; on peut aussi les dégager en manœuvrant une poignée extérieure.

Dans le but de façonner les filets en deux passes, une de dégrossissage et une de finition à hélices très nettes, un deuxième petit levier muni d'une aiguille à index permet de serrer plus ou moins les mordaches et de les assujettir, pendant le travail, par un bouton molleté; entre les deux positions limites et la butée intérieure enlevée, cette dernière poignée n'a plus d'action et on peut alors fileter telles longueurs que l'on désire, en ne se servant que de la manette principale.

Sur un autre secteur, on fixe un outil à terminer les pièces en bout, par exemple, qui peut varier de forme et produire tantôt un arrondi sur gabarit, tantôt une vive arête, un chanfrein ou une pointe.

CHAPITRE XVII

TOUR VERTICAL (1)

Tant que les grandes pièces circulaires des machines sont restées au-dessous des dimensions limites que leur assignaient, en partie du moins, les proportions des outils dont disposait l'industrie, on s'est contenté de les usiner sur le Tour en l'air, dont la fosse permettait l'obtention de diamètres déjà passablement considérables ; les bâtis broches, engrenages, etc., étaient construits en conséquence, c'est-à-dire suffisamment résistants.

Mais ce genre de tours présentait de nombreux inconvénients, dont le principal était assurément la difficulté de manutentionner des poids aussi lourds au montage comme au démontage ; on y parvenait évidemment, plus ou moins aisément, grâce aux engins de levage existants, quoique cela nécessitât des manœuvres longues et non sans danger ; malgré tout, le montage sur le plateau au moyen d'équerres et autres dispositifs de soutien n'était jamais ni rapide ni surtout sans reproche.

Une autre critique de valeur résultait du porte-à-faux

____

(1) La dénomination de **Tourneuses** leur avait été donnée dans un précédent ouvrage : *Outils et Machines-outils.*

obligé selon lequel les pièces étaient installées sur le nez
de la broche ; tout l'ensemble pesant de l'arbre, du plateau
avec ses agencements et de l'objet même se reportait sur
le palier d'avant et au même point, celui du bas ; l'ovalisa-

Fig. 242.

tion du coussinet voisin était donc inévitable et, par suite,
puisque le second palier peut être considéré comme ne
portant rien et ne servir qu'à maintenir l'arbre en direction, la broche infailliblement piquait du nez bientôt, pro-
voquant le désaxement partiel des organes, des irrégula-
rités dans le travail et des ennuis divers que l'on ne com-
battait qu'à grand renfort de truquages ou de réparations.

Ces quelques considérations expliquent l'abandon où a été progressivement laissé le Tour en l'air, vis-à-vis surtout du développement atteint par les grandes unités électriques, les turbines, les volants, les tourelles de marine, etc., au point de vue du diamètre et de la *précision* à laquelle le travail devait s'exécuter ; en somme il a fallu le remplacer radicalement et on en est arrivé à la combinaison de l'axe placé verticalement ou **Tour vertical** (fig. 242).

De ce que le plateau est horizontal, dans ces dernières

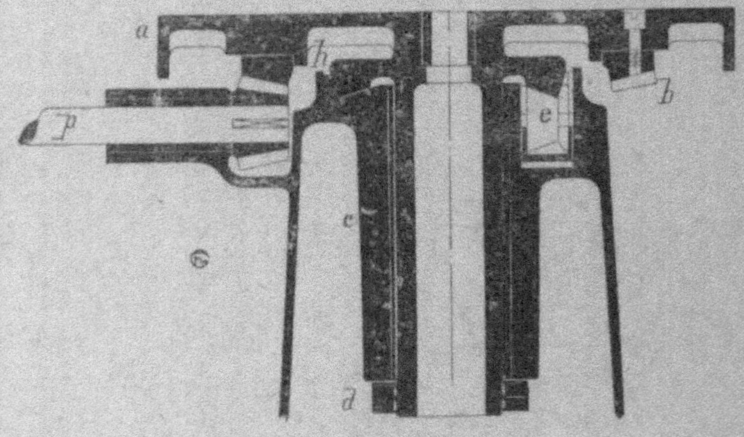

Fig. 243.

machines-outils, on conçoit que le montage des pièces volumineuses et lourdes devient incomparablement plus commode, quelle que soit leur forme, qu'on les y assujettit beaucoup plus simplement, leur inertie même intervenant comme un facteur de la fixité de l'ensemble, et qu'enfin le centrage s'opère avec autant de rapidité que d'exactitude.

Le profil d'appui du plateau sur son support est d'ailleurs choisi pour que l'axe ne se dérègle jamais ; à l'ordinaire, c'est une glissière circulaire *h* (fig. 243) qui le maintient et le guide, de sorte qu'en résumé il est suffisamment

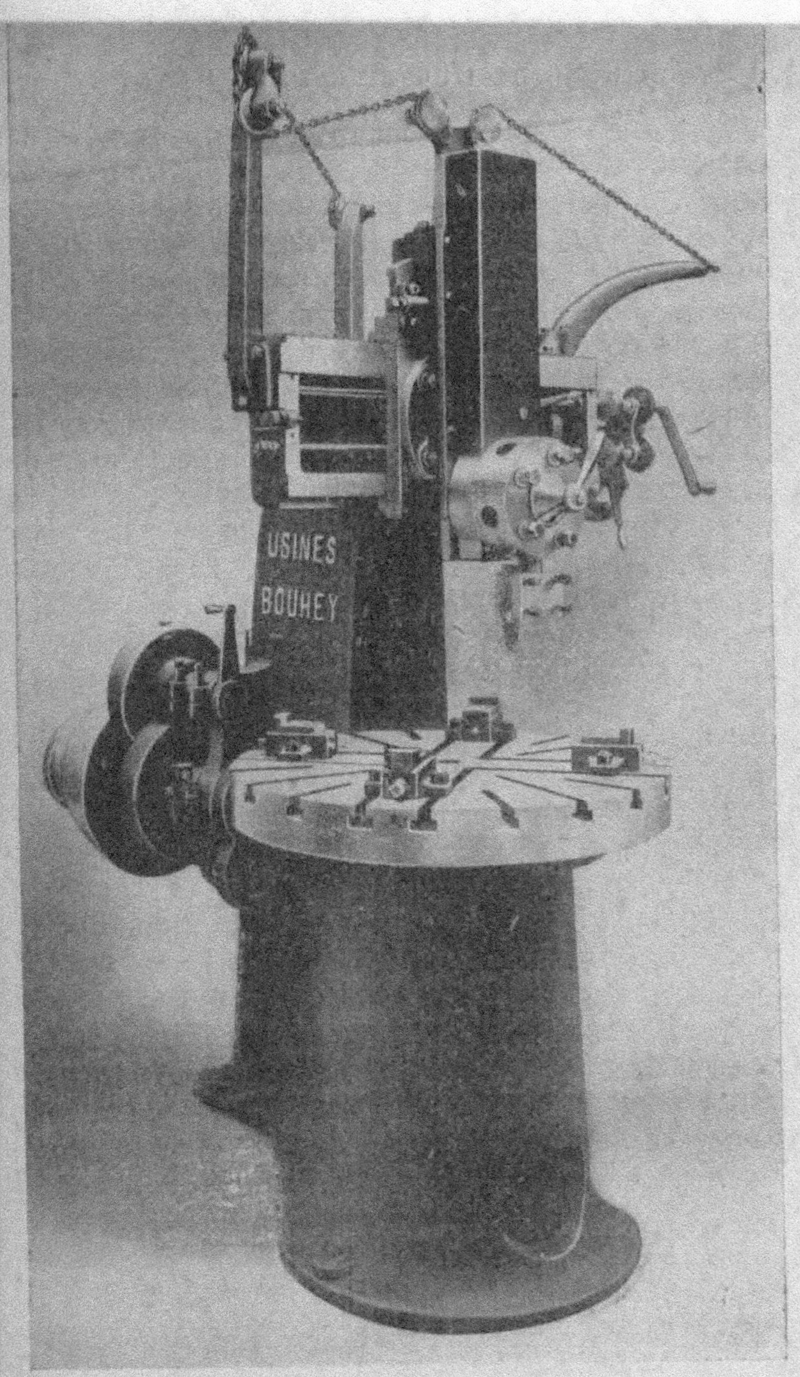

Fig. 244.

équilibré pour ne subir aucune vibration, même lors de l'emploi des aciers rapides.

On pourrait distinguer deux classes de tours de cette catégorie, suivant leur aspect général : ils sont à un ou deux *montants* ; les premiers ne permettent d'usiner, du moins avec les modèles existants, que jusqu'à un diamètre de 1 mètre environ ; les autres se construisent pour pièces jusqu'à 4 mètres 50 ; rien d'absolu, d'ailleurs, à ce propos.

Le type à un montant (fig. 244) possède un bâti robuste en fonte d'une seule coulée, dont le socle s'élève jusqu'au plateau et dont la partie haute affecte la forme d'un Té ; le pourtour supérieur du socle se termine par une glissière circulaire en Vé, dans laquelle coulisse un solide plateau porte-pièce *a* ; des rainures sont pratiquées à la surface de ce dernier et reçoivent des griffes de fixation à serrage indépendant ; un trou est percé au centre pour le montage de barres d'alésage.

Le plateau est, en outre, maintenu en place par un dispositif spécial *d* qui empêche tout soulèvement et toutes vibrations ; il est muni, en dessous, d'une couronne à denture conique *b* ; enfin la glissière est lubrifiée abondamment ; au lieu du serrage ordinaire à griffes, on emploie parfois un plateau à serrage concentrique simultané, avec lequel l'on centre beaucoup plus rapidement les pièces à usiner.

La partie haute du bâti constitue une glissière à bords chanfreinés où coulisse l'ensemble du porte-outil à la façon des machines à raboter.

Sur le patin du premier chariot, on monte une glissière, centrée dans des rainures circulaires, et on la fixe par des boulons ; la glissière peut prendre, de chaque côté, une inclinaison de 45 degrés par rapport à la verticale et elle reçoit un coulisseau susceptible de monter ou de descendre.

A la partie inférieure du coulisseau est disposée une ton

relle-revolver à outils multiples, et ce coulisseau est équili-
libré, dans le haut, par un système à contre-poids dissi-
mulé à l'intérieur du bâti.

On commande ce tour par un cône étagé *a* situé en
arrière du plateau (fig. 245); au moyen d'un double harnais
et d'un pignon d'angle, on agit sur la couronne dentée du

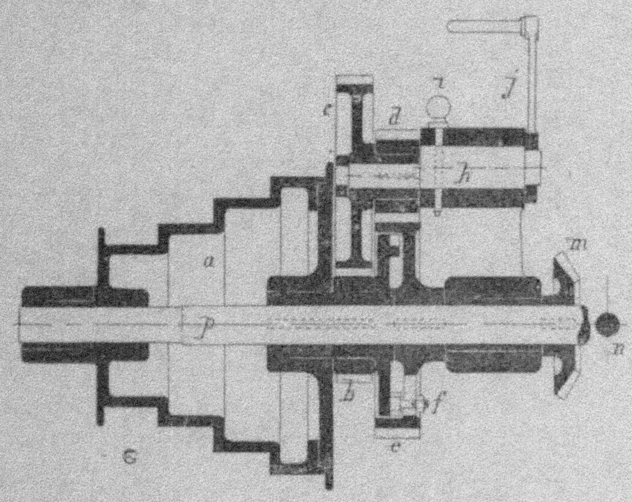

Fig. 245.

plateau; dans les petites dimensions, le harnais est rem-
placé par une transmission intermédiaire à deux vitesses;
dans chaque cas, par conséquent, on dispose d'une variation
suffisante de vitesse.

Les avances du chariot dans les divers sens s'obtiennent soit à la main, soit automatiquement en avant et en
arrière; le mouvement horizontal automatique est dérivé
de l'arbre principal par pignon et engrenages coniques; il
est transmis, par cône à étages, à un axe actionnant une
tringle de chariotage par vis sans fin et engrenage hélicoïdal; enfin la tringle, par train d'engrenages à deux
vitesses, vis et douille, transmet le mouvement au chariot

porte-outils qui possède, en définitive, six vitesses différentes dans le sens horizontal.

Le mouvement vertical (ou incliné) automatique est produit par la tringle de chariotage (fig. 246); il est transmis
par train d'engrenages à deux vitesses, vis sans fin, pignon

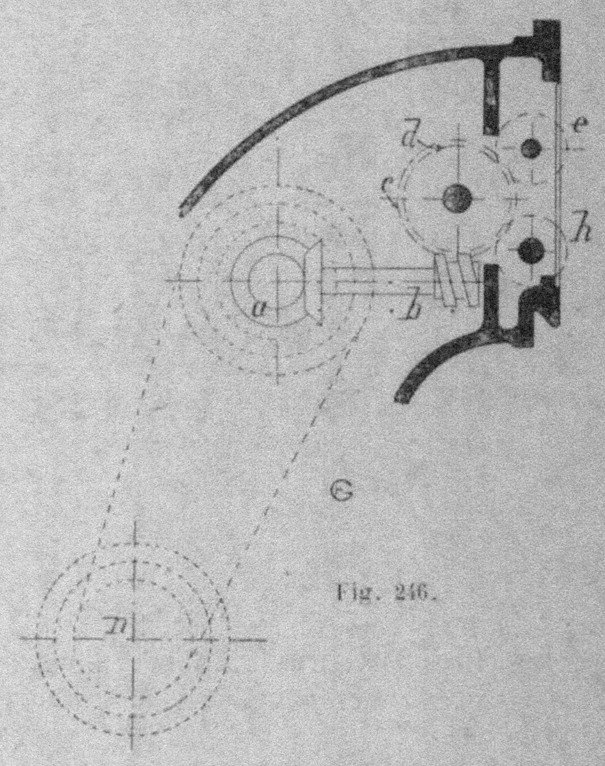

Fig. 246.

et crémaillère, au coulisseau qui possède aussi, par suite,
six vitesses différentes dans le sens vertical (fig. 247).

Quant au changement de marche, manœuvré par un
levier à portée de l'ouvrier, il est placé sur l'axe qui se
trouve entre les cônes et la tringle du chariotage; le
déclanchement automatique dans les deux sens, pour les
deux mouvements mécaniques, est obtenu par des taquets

qui se fixent sur des disques gradués mobiles, lesdits

Fig. 247.

taquets permettant d'arrêter les avances en un point quelconque de la course ; enfin par un dispositif spécial, on

peut ramener après chaque passe ces disques au zéro de la graduation, évitant ainsi un nouveau réglage des taquets.

Dans le but de donner la faculté d'installer, sur le plateau, des pièces de plus grande hauteur, certains modèles de tours verticaux ne comportent pas la traverse venue de fonte avec le bâti; on la remplace par une table verticale à large assise (fig. 246) soigneusement dressée, sur laquelle se meut alors la traverse avec ses divers chariots; le détail de ceux-ci est analogue aux précédents.

On amène la traverse principale à hauteur convenable en actionnant, à la main, une vis verticale qui passe dans un écrou solidaire de ladite traverse; le mouvement de la vis, dans un sens ou dans l'autre, est donné par cliquet réversible dont l'axe porte un pignon cône, en prise avec une roue calée sur la vis; des vis d'arrêt complètent la fixité de la traverse une fois présentée en bonne place.

Un autre avantage de cette disposition est de réduire le porte-à-faux de la tourelle-revolver quand il s'agit de tourner des objets de peu de hauteur.

Les tours verticaux *à deux montants* pour dimensions moyennes (jusqu'à environ 2 mètres de diamètre et 1 mètre 30 de hauteur) ont le plateau porte-pièce semblable à celui ci-dessus décrit (fig. 248); deux forts montants sont rapportés inébranlablement sur le socle, de part et d'autre du plateau et en arrière du diamètre longitudinal; une robuste entretoise les réunit par la tête et, sur leur face avant, ils forment glissières pour une grande traverse horizontale; cette dernière est à champs en Vé et reçoit deux chariots porte-outils.

Ceux-ci ressemblent à ceux des tours à montant unique; mais l'inclinaison des glissières est commandée par vis sans fin actionnant une crémaillère vue sur le côté et, en outre, la tourelle-revolver est remplacée par une mâchoire

de fixation de l'outil; ainsi qu'il est représenté, les porte-
outils sont équilibrés par des contrepoids intérieurs.

La commande est donnée par courroie, cônes, engrenages et pignons d'angle au plateau porte-pièce (fig. 247);

Fig. 248.

la grande traverse est actionnée, en hauteur, à la main
par deux vis, pignons d'angle, etc., et volant.

Les avances sont indépendantes pour chacun des porte-
outils; tantôt elles se font par courroie, tantôt, comme
dans l'exemple ci-contre (fig. 248), leur commande est
positive, c'est-à-dire par boîtes d'engrenages spéciales à

chaque outil, avec changement de marche obtenu par des leviers indépendants.

Pour les tours de grandes dimensions (4 mètres 50 de diamètre et 1 mètre 30 de hauteur comme encombrement maximum des pièces), le plateau tourne dans une glissière plane et il est muni d'une broche centrale qui repose sur un pivot; en soulevant ce pivot, le plateau est soulevé et ne tourne plus que sur lui à la volée; en ce cas le guidage est assuré par un collier à rattrapage de jeu concentrique, embrassant la broche à sa partie supérieure.

La commande est donnée par cône étagé, triple harnais d'engrenages et pignon droit en prise avec une denture identique placée immédiatement en dessous des rainures du plateau; celui-ci possède, d'ailleurs, une très grande variété de vitesses, ce qui est indispensable eu égard à son grand diamètre.

En raison du poids de la traverse principale, on lui donne le mouvement en hauteur à l'aide d'une transmission intermédiaire; les avances s'obtiennent soit à la main soit automatiquement, par courroie ou par avance positive des serrages; chaque porte-outil est indépendant, ainsi que les changements de marche.

CHAPITRE XVIII

TOUR A REPOUSSER

Cet appareil, qui constitue en somme une adaptation du tour en l'air à l'industrie du **Repoussage,** est d'un usage extrèmement répandu en raison tant de la multiplicité des profils qu'il permet d'obtenir, que du prix relativement peu élevé des objets façonnés par cette méthode ; toutes les matières ne se travaillent cependant pas indistinctement sur cet outil.

Le procédé est basé en partie sur la théorie de l'écoulement des métaux (1), de même que l'emboutissage, l'estampage, la frappe, etc. ; c'est un sujet qui n'a été encore que peu traité jusqu'ici.

La matière employée doit, en effet, posséder de la malléabilité, de la ténacité et de la ductilité pour subir sans rupture, quoique des recuits interviennent entre chaque opération, les épreuves successives de transformations de contours auxquelles elle est soumise ; le cuivre rouge, le nickel, le laiton, l'aluminium, le zinc, le fer blanc, la tôle de fer peuvent être cités comme d'un usage plus fréquent.

(1) Tresca l'Ancien.

C'est à l'état de feuilles ou de tôles assez minces qu'on les usine ; on juge de suite ici de la légèreté des objets souvent volumineux ainsi produits, comparativement au prix et au poids de ces mêmes pièces venues de fonte ; ces tôles sont présentées circulaires pour être travaillées, disques pleins ou couronnes.

L'action de l'outil, dénommé *brunissoir* (ou *mollette* dans quelques industries), est progressive, c'est-à-dire tout le contraire de ce qui a lieu dans le repoussé au marteau, au balancier et à la presse ; on oblige la matière à épouser exactement le profil d'un *mandrin de forme*, monté sur le plateau d'un tour en mouvement, et à glisser entre le brunissoir et un deuxième outil de soutien ; le brunissoir a un déplacement lent et exerce une forte pression contre la face opposée du métal ou de l'alliage.

Préparation. — On appelle *flan* le disque de tôle destiné à devenir objet en repoussé ; selon son diamètre il est obtenu soit à l'emporte-pièce ou presse à balancier, soit à la machine à découper ou presse au moteur, soit à la cisaille circulaire ; la principale condition à remplir pour le flan est d'être parfaitement rond.

Dans certaines circonstances, comme par exemple s'il s'agit de ne découper que peu de flans mais d'assez grand diamètre, l'opération peut avoir lieu à la main, directement sur le tour ; on prépare grossièrement la feuille en abattant les angles, on la place solidement sur le tour de façon à ce qu'elle ne puisse s'échapper (cas très dangereux pour l'ouvrier et pour ceux qui l'avoisinent) ; puis, à l'aide d'un tiers-point effilé, on tranche le pourtour à la dimension voulue, le tiers-point faisant office de burin de tour.

Il est préférable de choisir, dans les presses à balancier, celles qui sont à col-de-cygne (fig. 249) car on peut de la sorte, y accostant par trois côtés, amener plus facilement des feuilles entières au droit de l'outil ; la vis se fait en acier, à plusieurs filets, offrant par conséquent un pas rapide ; elle porte le poinçon et elle est guidée dans de longues glissières dans son mouvement vertical.

La matrice est fixée sur la table par des griffes ; on fait coulisser, au-dessus d'elle et en regard du poinçon, au moyen de plaques de guidage, la feuille de tôle à découper en disques ; le balancier est plus ou moins puissant ; l'ouvrier le manœuvre d'une main.

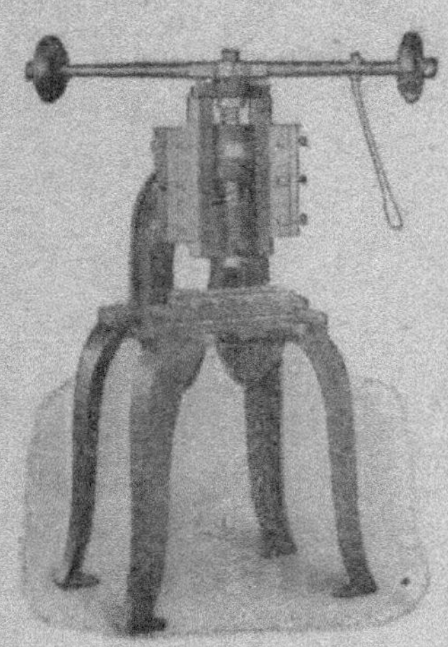

Fig. 249.

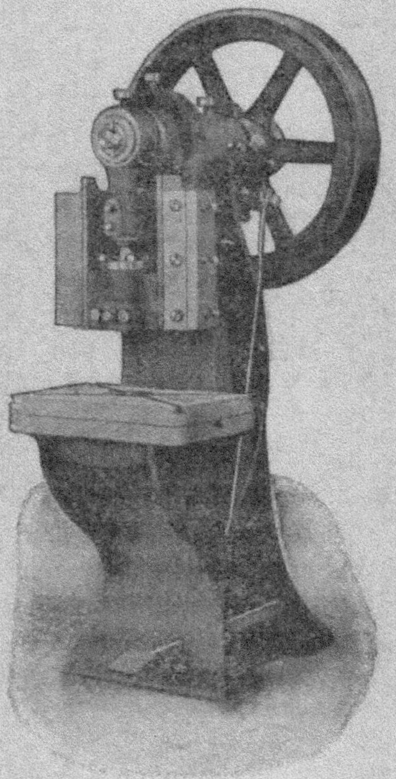

Fig. 250.

Aussi les presses au moteur sont-elles plus économiques quant au rendement ; l'ouvrier, n'étant plus obligé de lancer le balancier, a ses mains libres et peut mieux surveiller et diriger le travail.

Les presses-découpoirs à excentrique (fig. 250) sont munies d'un débrayage automatique instantané du coulisseau chaque fois qu'il revient en haut de sa course; l'arrêt de l'outil s'exécute, dans ces conditions, sans faire tomber la courroie, le volant continuant à tourner fou grâce à cet embrayage de sûreté.

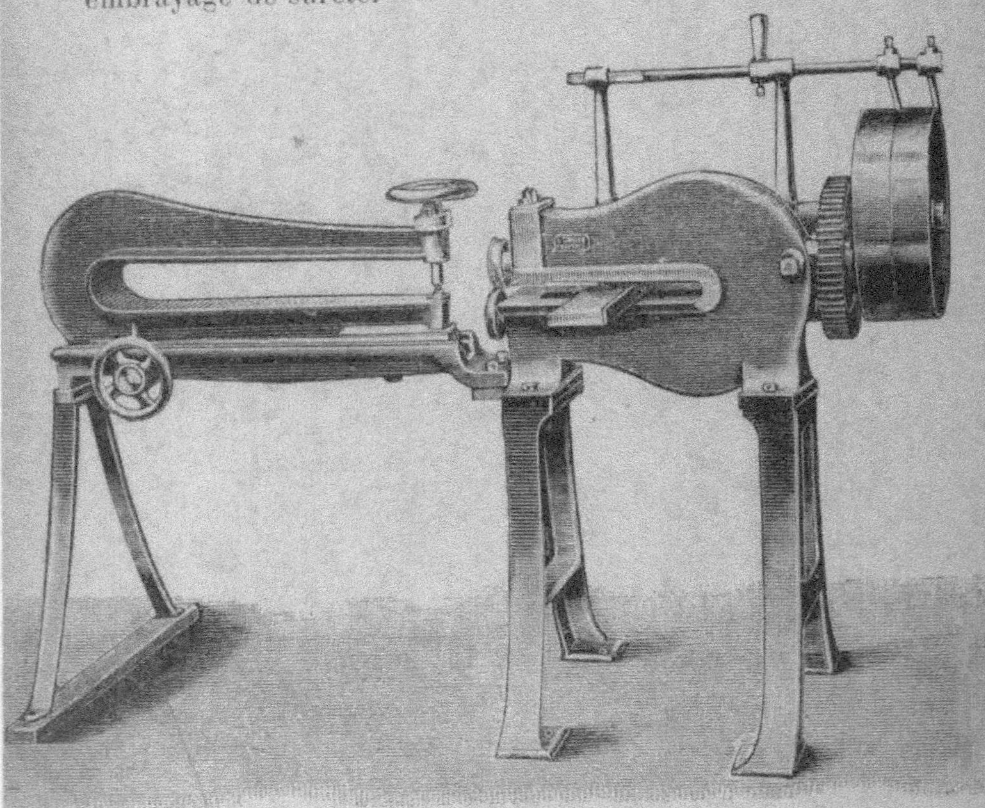

Fig. 251.

Dans les cisailles circulaires on présente le flan, préalablement découpé au carré ou à angles abattus, à l'action de deux petits disques en acier trempé qui ordinairement sont entraînés par la tôle elle-même et tournent par conséquent en sens contraires; ces lames doivent se croiser d'une petite quantité.

On fait rarement usage, dans l'industrie du repoussage, des modèles de machines où une des lames ou les deux lames reçoivent directement le mouvement par engrenages.

Lorsque le flan nécessite le perçage d'un trou central, il va sans dire que celui-ci demande à être rigoureusement concentrique (fig. 251).

Quant au diamètre des flans, ils résultent expressément de l'expérience ; il n'y a que l'habitude et souvent même l'essai direct qui puissent guider dans cette fabrication ; ce n'est, par conséquent, que par la connaissance de la dilatation ou du *rétreint* à l'exécution que l'on arrive à combiner ces deux effets qui amènent les pièces à leur forme définitive.

En outre, cette forme ne s'obtient pas en une seule passe, la plupart du temps du moins, et il est nécessaire entre chaque passe de recuire le métal pour lui rendre ses qualités.

Mandrins de repoussage. — De ce que l'article à façonner subit des passes successives, il se déduit qu'il faut d'abord confectionner des *mandrins* appropriés à ces transitions ; ce soin est toujours laissé à l'ouvrier-repousseur qui choisit, en vertu de ses aptitudes professionnelles, tel ou tel profil de mandrin et qui tourne également lui-même ce profil.

Nous parlons ici du repoussé courant, sur mandrins en bois ou en fonte ; néanmoins il est certaines industries (ou quelques contours classiques) qui travaillent exclusivement sur mandrins en fonte ; dans ce cas particulier le matériel accessoire est exécuté dans un autre atelier ou partie d'atelier.

Il est indispensable, en principe, que les mandrins soient *en dépouille*, afin de permettre la sortie ou l'enlèvement faciles de la pièce travaillée ; quand les contours d'un objet à exécuter se présentent avec des dépouilles opposées, on est dans l'obligation soit d'user d'artifices variés, soit de le confectionner en plusieurs morceaux que l'on réunit après coup par sertissage, soudure, agrafage, etc.

Outils du repousseur. — Les brunissoirs à main affectent les formes ci-contre (fig. 252 à 259) ; pour com-

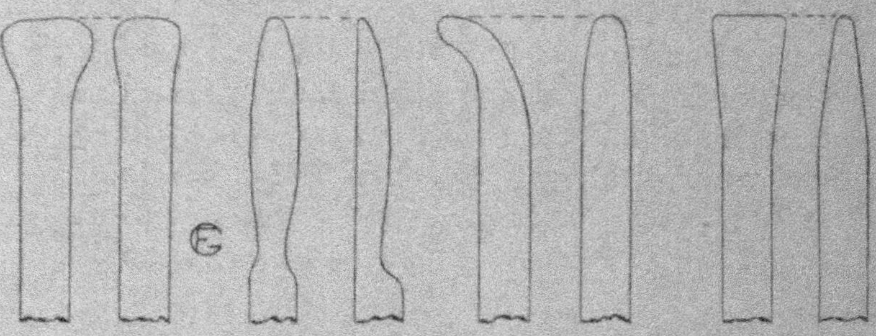

Fig. 252 à 259.

mencer le travail, on emploie *a* ; pour des contours déliés *b*, pour sertir, *c*.

Le repoussage ou le lissage peut aussi se faire à l'aide d'une mollette portée sur un chariot à mouvements mécaniques à la main, comme nous en verrons plus loin (fig. 262) ; la mollette tourne alors par frottement et entraînement contre le flan.

Tours à repousser. — L'aspect général d'un tour à repousser est celui de la figure 260, ou, encore, de la figure 277 ; l'arbre est monté sur un bâti robuste en fonte, dont le palier arrière est pourvu d'un grain de butée ordinaire ou d'une butée à billes pour résister énergiquement à la poussée longitudinale et aussi pour rattraper le jeu.

Sur l'arbre est calée une poulie à gradins au moyen de laquelle on fait varier la vitesse de rotation selon le travail à effectuer ; le nez de cet arbre est percé dans l'axe d'un trou taraudé, dans lequel (fig. 261) on visse la broche de retenue de la pièce, si toutefois celle-ci est évidée en son centre.

Le mandrin se visse sur la partie du nez filetée extérieurement.

Le support du brunissoir est constitué soit par une

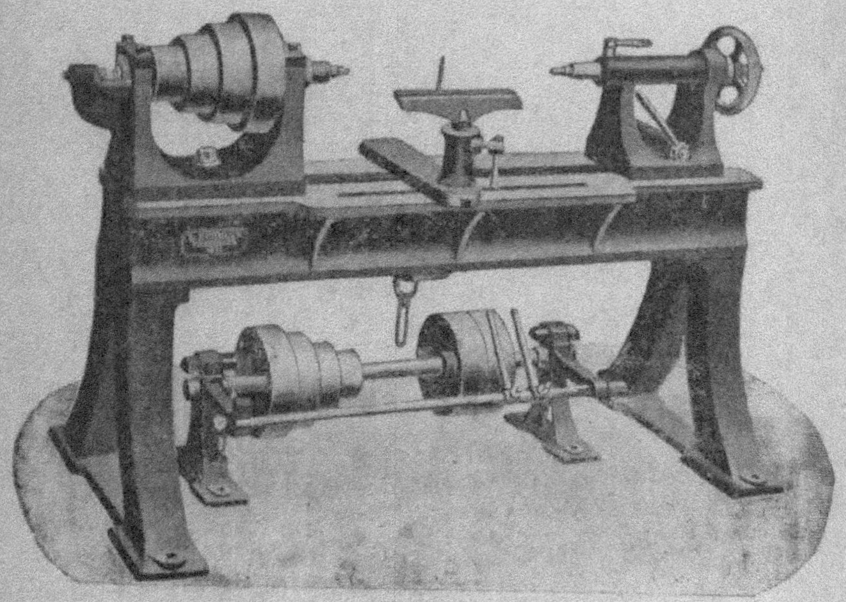

Fig. 260.

colonne portant la chaise ou support réglable à volonté,
soit par un banc ordinaire sur lequel est installé (fig. 262)
un fort chariot mobile en tous sens ; parfois enfin on fait

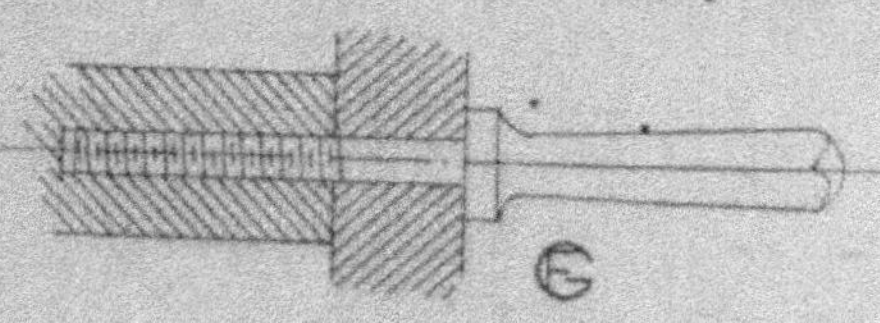

Fig. 261.

usage d'une mollette, dont le but est le même que celui du
brunissoir, mais dont l'action est beaucoup plus puissante ;
on rencontre ce dispositif principalement en *casserie*.

Le support, très robuste, est percé de trous verticaux plus ou moins rapprochés, dans lesquels on introduit, selon besoins, une *cheville* en fer dépassant la tête du support de

Fig. 262.

quelques centimètres ; le rôle de la cheville est d'offrir, horizontalement, un point d'appui au brunissoir, de ma-

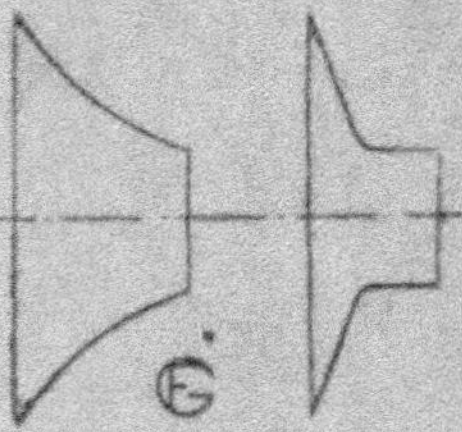

Fig. 263 et 264.

nière que l'ouvrier arc-boute l'outil d'autant plus énergiquement que le bras de levier formé par le manche est plus grand.

Il en résulte donc une pression considérable qui astreint la feuille métallique, le flan, à se courber de proche en proche, au fur et à mesure que l'extrémité du brunissoir

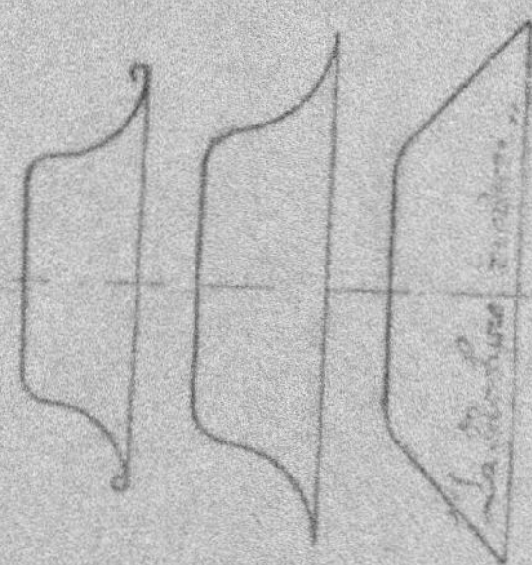

Fig. 265, 266 et 267.

chemine le long du mandrin (fig. 263 et 264, 265 à 267).

Si le flan ne comporte pas de trou central, on se sert de la contre-pointe du tour, munie alors d'un disque d'appui ou *tape-cul*, pour maintenir le flan contre le mandrin (fig. 262) avec assez de force pour que la feuille de métal ne tourne pas par rapport à ce mandrin.

A l'aide de quelques exemples, nous montrons la façon d'utiliser le tour à repousser.

Dans le premier cas (fig. 263 et 264), une rondelle percée

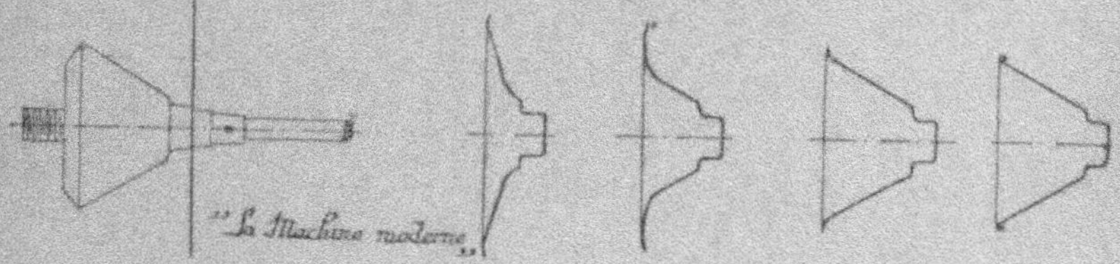

Fig. 268 à 272.

en son centre est assujettie, par l'intermédiaire de la broche *a* (fig. 261), contre le mandrin par l'épaulement du manche ; on commence par s'assurer que le disque tourne bien rond et on n'entreprend le travail que lorsque cela a lieu ; puis on place la cheville dans un trou convenable de la chaise et, avec le brunissoir *a*, l'ouvrier fait levier sur la cheville d'une part et contre la feuille d'autre part, en reve-

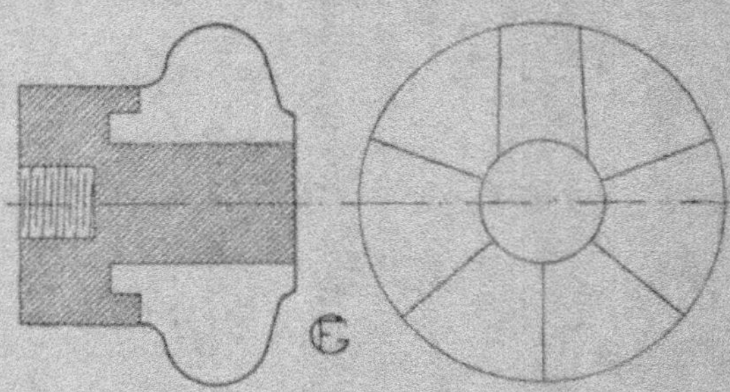

Fig. 273 et 274.

nant au point de départ autant que de besoin, de manière à couder le métal peu à peu.

Il en est de même des modèles suivants (fig. 268 à 272) pour confectionner un réflecteur ou de celui des figures 273 et 274 qui nécessite un mandrin en plusieurs parties.

CHAPITRE XIX

TOUR A BOIS

Ébauchage des pièces. — Avant de placer une pièce sur le tour, il est d'usage de la préparer et de lui donner grossièrement la forme cylindrique ; cette ébauche préalable exige une connaissance superficielle des bois à employer et un examen de leur structure, car on évite de la sorte le risque de voir le bois devenir inutilisable avant achèvement, par suite de la présence de fentes, nœuds vicieux, etc. (1).

A tous égards, il est préférable de débiter et de préparer le morceau choisi à la scie et selon son sens ; on le coupe à longueur en rejetant, s'il y a lieu, les bouts qui présenteraient des fentes de dessiccation ou autres défauts ; on le dégrossit ensuite sur le pourtour à la varlope, au rabot, à la râpe, en ayant soin d'en tracer à chaque bout la circonférence avec un compas ; il ne s'agit plus ensuite que d'exécuter, au tour sur pointes, la réduction à diamètre convenable sur une extrémité, pour que celle-ci puisse entrer à force dans le *mandrin*.

(1) *Manuel de l'Ouvrier Mécanicien*, chapitre II : Outils et Machines-outils.

Il est évident que, pour les plateaux, l'ébauche sera plus rapidement obtenue en suivant la circonférence du contour à l'aide de la scie à chantourner ou de la scie à ruban.

Bois de tour. — L'*acacia* est un excellent bois de tour, à fibres bien droites et dures ; il se polit bien.

L'*alisier* a un grain compact et il est assez dur ; c'est une des meilleures essences pour le tournage.

L'*aune*, quoique tendre et léger, y a souvent des applications.

Le *bouleau* n'est pas assez dur pour être utilisé couramment sur le tour, bien qu'on s'en serve à défaut du peuplier ou du tilleul pour certains ouvrages temporaires devant être économiques et en forts échantillons.

Le *buis* est dur, compact, mais présente une grande quantité de nœuds et peu de fil ; il se coupe bien et constitue un très bon bois, surtout lorsque sa croissance a été l'objet de quelque soin.

Le *cèdre* est peu sujet aux piqûres de vers ; il se tourne facilement.

Le *cerisier* et le *merisier* sont d'un tissu assez serré et bons pour le tour ; ils prennent bien le poli.

Le *charme* se tourne facilement, à condition qu'il soit sec ; son grain est fin mais non serré ; le charme d'Amérique est plus dense et très tenace.

Le *châtaignier* n'est que fort rarement utilisé pour le tour, en ce qui concerne du moins la confection des modèles arrondis.

Le *chêne* est en général robuste et nerveux ; il convient assez pour les ouvrages sur le tour ; certaines espèces ont, néanmoins, un tissu moins serré qui les rend susceptibles de s'égrener dans les parties fines.

Le *cocotier* d'Amérique (qui n'est pas le palmier à noix de coco) donne d'excellents résultats à condition d'être sec ; il a le grain très fin et produit un beau poli.

Le *cormier* se travaille d'une manière analogue à l'alisier,
dont il possède la plupart des qualités.

L'*érable* est souple, liant et il se travaille très nettement ;
il s'égrène pourtant quelquefois dans les profils déliés.

Le *frêne* est très liant, peu serré et supporte bien les travaux du tour.

Le *gayac* serait un très bon bois de tour, mais on le réserve à la confection des pièces exposées au frottement, eu égard à son tissu serré, compact et dur.

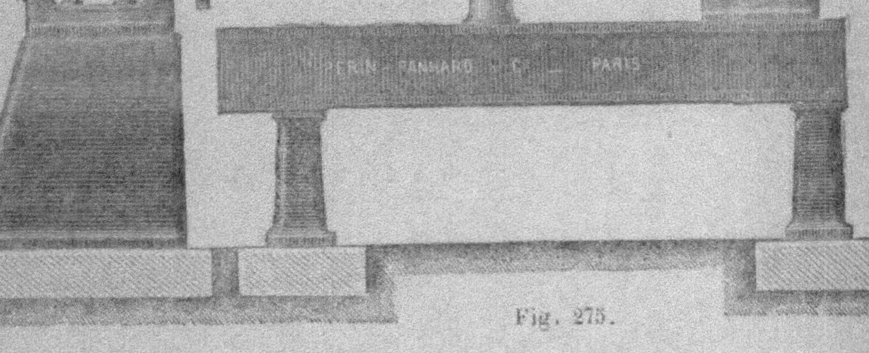

Fig. 275.

Le *hêtre* se travaille bien en tous sens ; les pores en sont
un peu gros ; il n'est pas sujet à se fendre ni à se gercer.

L'*if* se travaille bien sur le tour, à condition que l'affutage des outils soit irréprochable ; sinon il s'égrène et on
est quelquefois obligé de le tourner à l'huile ou au savon.

Le *marronnier d'Inde* ne doit être, comme le précédent, tourné qu'avec des outils très bien affûtés.

Le *noyer* est une des meilleures essences pour le tour ; il est dur et souple et se polit parfaitement.

L'*orme* ordinaire est solide, liant, un peu gras ; c'est un bois lourd dont le cœur se prête bien à l'attaque des outils de tour ; par la suite, il se tourmente peu.

Le *peuplier* est fort peu dur ; quelques variétés seulement

Fig. 276

résistent mieux et ne devraient être employées qu'en forte épaisseur.

Le *pin* et le *sapin* ne sont utilisés que pour la fabrication économique et de peu de durée de parties tournées pour modèles ; en général ils sont d'ailleurs modérément homogènes et trop fibreux.

Le *platane* a quelque analogie avec le noyer et le hêtre, quant à la maille ; il convient bien pour le travail du tour.

Le *pommier*, le *poirier* sont d'excellents bois pour les ouvrages de tour ; ils se polissent bien.

Le *prunier* est un bois liant dont la maille serrée permet

Fig. 277.

un bon tournage ; à la longue, cependant, il gauchit.

Le *sycomore* est d'un tissu serré qui se laisse tourner et polir facilement.

Le *tilleul* est un bois tendre ; il se tourne avec difficulté.

En résumé, les bois indigènes utilisés de préférence par les tourneurs sont le noyer, le frêne, l'aune, le merisier, l'acacia, le buis et la loupe de buis, l'orme et le charme.

Tours à bois. — Le tournage peut se faire avec des tours mus au pied ou mécaniquement dont la vitesse est de 200 à 300 tours par minute ; ils ressemblent assez, d'ailleurs, pour la plupart, à quelques-uns de ceux décrits pour les métaux (fig. 275).

Si, dans un atelier de machines, il ne se trouve pas de tour spécial pour le bois, on y supplée parfois à l'aide de ceux existants, mais à condition que leur vitesse soit portée à son maximum.

Ils peuvent être à mouvements parallèles et munis à cette intention d'un support à chariots permettant le déplacement de l'outil dans deux sens perpendiculaires ; ce support est alors commandé, par exemple, par une vis qui règne sur toute la longueur du banc et qui reçoit le mouvement de la broche, par cônes étagés pour une plus grande variété de vitesses de la vis et, par suite, du chariot.

Pour tourner des pièces en bois de grand diamètre (plateaux, poulies, etc.), on dispose soit du tour à banc rompu (fig. 276), soit du tour à support indépendant (fig. 277) ; quelquefois la poupée fixe est montée sur un banc dont une partie est susceptible de coulisser longitudinalement ; on augmente ou on diminue, ainsi, la distance entre l'extrémité de ce banc et la poupée fixe.

Il existe des tours, qu'il est complètement inutile d'étudier en détail au point de vue spécial de ce manuel, que l'on construit pour les besoins de certaines industries, telles que l'ébénisterie (pieds de sièges), la confection des manches d'outils, la fabrication des cadres ovales, des bondes, des sabots, des bâtons ronds, etc.

Ces machines comportent des organes mus automatiquement à des vitesses en rapport avec le but poursuivi ; les chariots, les lunettes, les supports oscillants, les débrayages automatiques ou autres sont combinés pour obtenir, en premier lieu, une ébauche de la pièce au moyen de *gouges* et de lames profilées, puis à la terminer avec des gabarits

Fig. 278.

(fig. 278) servant soit de guides, soit même d'outils, et attaquant dans ce cas le bois progressivement et immédiatement derrière la gouge d'ébauchage.

Pour tenir une pièce sur pointes, la broche de la poupée est pourvue (fig. 279 et 280) d'une pointe à trois dents qui s'engage dans le bois et qui en provoque la rotation ; à l'autre extrémité, la poupée mobile est du type ordinaire ; la pointe pénètre dans un petit trou foré avec un poinçon à quatre pans.

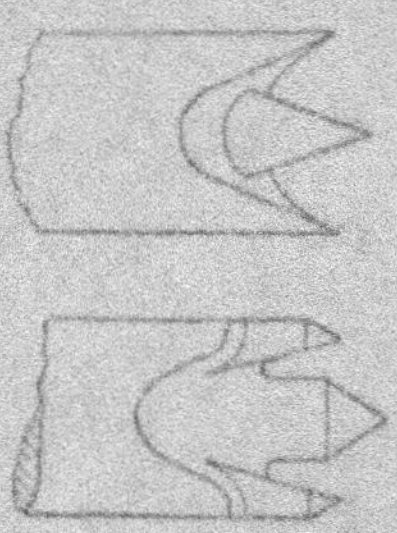

Fig. 279 et 280.

On se sert aussi, pour la fixation des objets, du mandrin à queue de cochon (fig. 6 sur le sol) ; d'un plateau se vissant sur le nez de la broche ; d'un mandrin à douille qui

agit par coincement intérieur; d'un mandrin à bride recevant par vis des plateaux ou bien des disques, etc, etc.

Outils. — Les outils indispensables pour le tournage du
bois sont la gouge (fig. 281 et 282) et les ciseaux (fig. 283
à 286), mais ils
sont suffisants
pour obtenir la
plupart des ob-
jets dont un
mécanicien,
modeleur occa-
sionnel, peut
avoir besoin ;
leur maniement est assez difficile pour un débutant, plus qu'en bien d'autres métiers manuels.

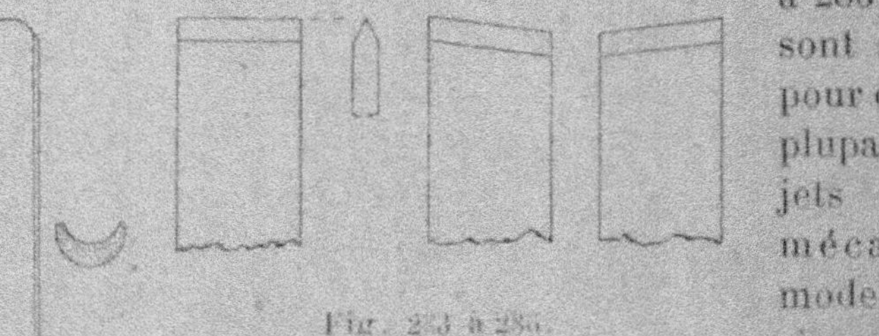

Fig. 283 à 286.

Leur principale qualité doit être de bien *couper*
le bois, sans que le fil en soit relevé, ce qui amè-
nerait à produire des surfaces rugueuses ; il est
bon que l'outil agisse un peu plus haut que le diamètre horizontal de la pièce.

La *gouge* se présente avec une cannelure régulièrement creuse ; son extrémité est affûtée en
partie de cercle, et le biseau qui en forme le tranchant demande à être proprement fait ; elle sert,
en général, à ébaucher ; il faut donc en posséder
de divers échantillons, avec des extrémités plus
ou moins rondes ou effilées pour travailler soit à
l'extérieur sur le cylindre, soit en bout, soit sur des
surfaces intérieures.

Fig. 281
et 282.

Avec un biseau court on dégrossit, tandis qu'avec un
biseau plus effilé, on termine les parties rentrantes ou
encore on tourne les gorge.

Le *ciseau* de tourneur, que l'on désigne aussi sous le nom
de plane, sert à régulariser la pièce dégrossie par la gouge;

elle enlève les sillons et aspérités, c'est-à-dire finit le tournage; le nez de l'outil est constitué par deux chanfreins plus ou moins effilés, dont la rencontre doit être légèrement convexe; en outre le tranchant est un peu biais par rapport à l'axe de l'outil; il faut en avoir de plusieurs largeurs.

On se sert de ces outils en les tenant des deux mains et suivant une direction à peu près tangentielle à la surface à tourner; on attaque le bois d'abord à petits coups et on l'ébauche par une série de cannelures; quand la pièce ne doit pas être de forme cylindrique, cône ou plateau, on recommande d'aller du plus grand diamètre vers le petit pour ne pas contrarier le fil.

Les copeaux doivent être d'égale épaisseur, larges et frisés, ce qui indique qu'ils ont été coupés bien vifs; cette opération, et surtout la finition au ciseau, veut une assez grande légèreté de main, pour que les outils ne s'engagent pas et risquent ainsi d'occasionner des accidents.

Il est à peine besoin de faire remarquer que les outils à bois doivent être, plus particulièrement encore que ceux à métaux, entretenus dans un état de propreté convenable, parfaitement polis, exempts de rouille, bien affûtés et jamais ébréchés; ce n'est qu'à la condition d'avoir un tranchant très vif qu'ils pourront produire un travail sans reproche, car avec une matière comme le bois, les éclats sont toujours à redouter.

FIN

TABLE DES MATIÈRES

E. GREVIN — IMPRIMERIE DE LAGNY